光明城
LUMINOCITY

U0301375

看见我们的未来

Environmental Artificial Intelligence in Design_

设计中的环境智能

姚佳伟　著

YAO Jiawei

同济大学出版社·上海

TONGJI UNIVERSITY PRESS·SHANGHAI

目录

Contents

2

设计中的风环境智能

3

设计中的光环境智能

序

在全球环境挑战和可持续发展需求日益紧迫的背景下，建筑学科正处于变革和创新的前沿。能够为此书作序，我深感荣幸。这其中既包含了对学科发展的期许，也蕴含了对构建绿色、低碳、可持续城市未来的憧憬。

建筑学，作为一门结合空间艺术与技术实践的复杂学科，在科技与人文的交叉点上发挥着独特作用。该领域不仅要求跨学科整合，平衡实用、经济与美学等需求，还要求从业者在遵循法律规范的同时，展现解决问题的创造性。在应对全球气候变化、资源紧缺和生态危机的背景下，探索建筑设计和城市规划中的绿色低碳和可持续发展路径，已成为迫切任务。

人工智能（AI）技术为建筑学科的发展带来了新的契机。AI 不仅是一种技术工具，更是一种新的思维方式和方法论，它正在重塑建筑设计、城市规划和可持续发展实践的各个方面。AI 技术通过聚焦空间认知、空间设计与空间营造等学科内核的数字化与智能化，推动了理论知识体系的可视与可测、设计流程的智能与协同、营造运维的精准与高效，为解决建筑学科面临的复杂研究问题引入了新的维度。尤其在绿色低碳可持续发展方面，AI 技术展现了重要的应用价值。本书围绕 AI 和其他数字技术如何共同促进、推动绿色建筑和智慧城市的发展进行了深入探讨。

书中首先介绍了基于性能的设计和性能驱动型设计两种关键的可持续设计方法论。基于性能的设计侧重于满足预定的建筑性能标准或目标，而性能驱动型设计则强调在设计过程中持续优化和迭代，以探索和实现最佳性能。环境智能设计（EID）作为性能驱动设计的重要分支，聚焦建筑的环境性能，也是本书探讨的重点内容。通过应用人工智能技术和智能优化算法，EID 不仅实现了设计方案的自动生成和评估，还能在设计过程中精细地控制和优化环境性能。

本书不仅理论论述翔实，还通过实际案例展示了这些设计理念在实践中的应用，覆盖了建成环境的多个维度，如风、光、热环境等，提供了详尽的计算评价指标和智能研究方法，助力设计师深入洞察城市环境的特性，采取有针对性的措施来提升居民生活质量和推动城市的可持续发展。

我相信，这本书将成为建筑学科领域研究者和实践者的宝贵参考资料。它展现了人工智能技术如何赋能建筑学科，这不仅是科技进步的标志，更是人类迈向更加绿色、低碳和可持续的城市生活的实际行动。

在此，我诚挚地向读者推荐这本书，希望本书能够激发读者的思考，共同推动建筑学科数智化的创新与发展，为实现全球可持续发展目标贡献力量。

同济大学建筑与城市规划学院副院长
上海建筑数字建造工程技术研究中心主任
上海市建筑学会数字建筑分会主任

引言

数智时代下
建成环境的挑战

　　进入 21 世纪以来，全球社会正面临着一系列前所未有的环境挑战和可持续性危机。新冠疫情的全球大流行、澳洲的灾难性山火、非洲的蝗虫大爆发，以及南极气温高值历史性地突破 20℃，这一连串的事件不但加深了全球对气候变化和生态退化的担忧，而且促使我们深刻反思人类的生活方式及其与自然环境的关系。

　　城市和建筑是人类活动的主要舞台。尽管城市面积仅占据地球陆地表面积的 3%，却汇聚了全球约 60% 的人口，并消耗了 60% ~ 80% 的能源，排放了 75% 的碳。自工业革命以来，人类对地球资源的掠夺及开采，尤其是城市建成区的无节制扩张，正逐步成为威胁人类文明永续发展的因素。建成环境的不当规划与能源结构的不合理配置，已导致了城市热岛效应、空气污染等问题，这不仅威胁着人类的健康，也对生态系统造成了巨大压力。城市和建筑领域因此成为应对全球可持续发展挑战的关键领域，构建可持续的建成环境成为当代社会的紧迫需求。作为城市空间的塑造者，建筑师对此责无旁贷，必须采取积极措施，为实现这一目标贡献力量。

从古至今，在追求可持续建成环境的进程中，建筑师们从不缺乏富有创意的解决方案，然而，核心问题在于缺乏高效且切实可行的工具和技术来实施这些解决方案。幸运的是，随着数智技术的迅猛发展，人类已找到解决这一问题的有效途径。新兴的数智技术——特别是人工智能、大数据、5G 和物联网——为城市和建筑领域的可持续发展提供了新的视角和工具。这些技术通过智能化地分析和处理大量数据，能够帮助我们更好地理解城市运行的复杂性，预测未来趋势，并为城市规划和建筑设计提供科学的决策支持，从而切实可行地实现优化能源使用、提高资源利用效率、减少废物和污染，以及增强城市生态韧性等一系列可持续发展目标。

在这一变革期，建筑设计领域的学术研究和实践探索也正在经历重大的革新。建筑学界开始深入探讨如何通过融合数智技术，实现建筑设计理念和方法论的更新，以应对日益严峻的环境挑战。借助数智技术，建筑师有机会重新定义建筑设计的范畴，将可持续性原则和环境责任融入设计的核心，设计、创造出兼顾空间美学和功能性需求，还能够应对气候变化、资源匮乏等全球性挑战的新时代建筑作品。通过深入理解和积极应用新兴技术，建筑师有机会推动建筑设计和城市规划向更加可持续和智能化的方向发展，为全球可持续发展目标的实现贡献重要力量。

在这一背景下，基于性能的设计（Performance-Based Design，

PBD）和性能驱动型设计（Performance-Driven Design，PDD）作为两种重要的可持续设计方法论正逐渐受到业界的广泛关注和重视。PBD 侧重于满足预设的建筑性能标准或目标，如耐久性、能源效率、环境影响、用户舒适度等。在 PBD 中，设计过程开始于对所需性能的明确定义，随后围绕这些性能目标进行设计和优化。这要求设计师具备跨学科的知识，以便在设计方案中综合考虑结构安全、环境适应性、能源消耗和生态效益等多重因素。PBD 方法鼓励在设计早期使用模拟和分析工具进行性能评估，以确保设计结果能够达到或优于既定的性能标准。PDD 则是一种更为动态的设计过程，它不仅关注于达成特定的性能目标，还强调在设计过程中对方案进行持续优化和迭代，以探索和实现最佳性能。PDD 可以利用先进的计算模型和算法，如遗传算法和机器学习，自动生成和评估大量的设计方案，寻找那些在特定性能指标上表现最优的解决方案，即"性能驱动型智能设计"。这种方法允许设计师在考虑建筑物的功能和美学表达的同时，将其性能潜力最大化，特别是在能源使用、环境适应性和用户舒适度等方面。

环境智能设计（Environmental Intelligent Design，EID）即环境性能驱动的智能设计，可以被视为性能驱动型智能设计的一个重要分支，它特别关注建筑的环境性能，包括室内外的风、光、热环境等方面。环境智能设计通过应用人工智能技术和智能优化算法，不仅能自动化地生成和评估设计方案，而且能够在设计过程中实现对环境性能的精细控制和优化。在环境智能设计中，"环境"不仅包括建筑内部与外部微气候环境，也包括建筑所处的宏观城市环境。"智能"则体现在利用机器学习和深度学习等技术，对大量数据进行分析和学习，以找出最能满足环境性能需求的设计方案。这种方法强调建筑设计与环境的动态互动，旨在创造出既美观又高效、与自然环境和谐共存的空间。

本书围绕环境智能设计在建筑设计与城市规划中的应用展开论述，为建筑师、城市规划师、城市建设决策者以及所有关心未来城市环境的人士提供一套用于理解与设计人居环境的、全面而新颖的方法框架及工具。本书重点关注如何利用人工智能、大数据等数字技术来打造绿色建筑，从而实现城市环境的可持续发展。同时，本书也将审视应用这些技术可能面临的挑战，确保在可持续发展的道路上能够稳步前行。此外，本书还将探索如何整合多学科的知识和技术，以创造出更有利于人类福祉和地球可持续发展的建成环境。

具体而言，本书将详细介绍环境智能设计如何在建筑与城市风环境、光环境和热环境性能的优化方面发挥作用，以提高设计的精准度和效率。笔者将分析环境智能设计如何被应用到实际的设计工作中，并列举一些成功的案例进行详细说明。这些案例探讨了环境智能设计如何与数据驱动设计、形态优化设计、自主智能设计和能源驱动设计等新型设计方法相结合，以实现更大的设计价值。

本书第 1 章将详细概述环境性能导向的建筑设计的发展历程。笔者将从工业革命前的气候适应型设计开始，回顾历史上的设计师如何通过选择合适的建筑材料和塑造特定的建筑形态来适应本地气候条件。随着工业革命的兴起，环境调控型设计逐渐成为主流，人类开始利用冷暖设备和通风系统等手段主动调节建筑内外的环境条件。进入数字化时代后，性能驱动型设计成为新的趋势，设计师得以借助先进的技术和算法，根据特定的环境性能需求对设计方案进行精细的优化。在此基础上，本章将深入分析设计智能与环境智能的演进，并讨论两者在设计实践中的融合，最后向读者详解当前环境智能设计所用的主要工具和算法。

第 2 章至第 4 章专注于探讨智能设计在建筑与城市设计中的具体应用，涉及风环境、光环境及热环境，因为这三方面环境性能对提高人类生活质量和城市可持续发展有着重要意义。这三章将介绍建筑与城市设计中关于风环境、光环境和热环境的评价指标计算和智能研究方法。通过采纳这些方法，设计师能够深入洞察建成环境的特性，实现城市风环境的优化、室内光照舒适度的提升，以及城市热环境的改善。这些智能设计策略有望显著提升建筑与城市环境的舒适度，并降低能源消耗，从而提升居民居住质量并促进城市的可持续发展。

第 5 章介绍了数据驱动的智能生成式设计方法，探讨设计师如何利用大数据、机器学习等技术生成符合特定环境性能要求的城市空间布局。本章涵盖了采用多目标优化算法、机器学习和强化学习算法实现的、环境性能驱动的建筑形态优化技术，展现了通过智能算法调整建筑形态、优化环境性能的潜力，为读者揭示了智能设计未来的可能性。

通过阅读本书，读者将逐步深入理解环境智能设计的理念和方法，掌握其最新的进展和发展趋势，并能将这些知识应用于自己的设计研究与实践之中。

1

综述：设计中的环境智能

1.1
环境性能导向的
建筑设计缘起

随着中国城镇化进程的加快，建筑对环境产生的负面影响也在逐渐扩大。近期人口普查数据显示，中国城镇化建设取得了历史性的成就，这也对城市环境提出了更高的要求。低质量的城市环境不仅会导致局部微气候变化和热岛效应，还会导致微气候中的风、热条件和空气污染等环境因素出现极端波动。此外，"健康中国 2030 规划"和"十四五"规划都强调构建高品质的城市环境，以保障城市居民的安全、健康和舒适。特别是在"后疫情时代"，城市环境已被证明与疫情扩散密切相关[1]，高品质的城市环境就更加成为关注的焦点。

本章回顾了环境性能导向的建筑设计的发展历程，从而帮助读者更好地理解当前和未来性能化建筑的发展趋势。建筑技术的发展史不仅反映了建筑设计和建造的历史，还在一定程度上反映了建筑理论思潮的演变，以及建筑师对待建筑技术的态度，即技术观。从"上古穴居"到适应气候的建筑，再到工业革命时期的建筑机械化和可持续发展理念下的绿色建筑，以及如今的低碳建筑，通过回顾相关建筑技术的演变，并对其中蕴含的建筑技术观进行思考，我们可以找到人、建筑和环境之间的平衡点，从而更好地理解当前环境性能导向的建筑设计与技术的关系，并积极拥抱数字化背景下建筑的未来。

1.1.1   工业革命前的气候适应型设计

建筑与环境的关系，长久以来一直是建筑史和建筑技术史关注的焦点。尽管在历史上的大多数时期，建筑与环境的关系常常被建筑的形式、符号等其他文化属性所掩盖，但对建筑与环境的讨论无疑提醒着我们，建筑不仅仅是艺术，也是科学。古罗马的维特鲁威提出了他关于建筑起源的观点：建筑产生的最基本动机是人们为了躲避风雨的侵蚀。在他的著作《建筑十书》中，他提到"第一座房屋，是对于自然构成物的一种模仿（如树叶构成棚子、燕子筑巢、洞穴等）"[2,3]。15 世纪的建筑理论家菲拉雷特也主张建筑的产生是基于"需求"。在他看来，人类需要一个可以遮风挡雨的住所，就像人不能没有食物一样[2]。中国古代的《周易·系辞下》中也有类似的观点："上古穴居而野处，后世圣人易之以宫室，上栋下宇，以待风雨。"[4]

维特鲁威在考虑建筑和城市选址时指出："首先是选取一处健康的营造地点,地势应该较高,无风,不受雾气侵扰,朝向应不冷不热温度适中。"[3]他认为住房的形式应该适应多样的气候条件,赞同设置柱廊以遮挡夏季高角度的阳光,同时让低角度的阳光射入室内进行取暖。这可能是建筑历史上可以追溯到的最早的基于环境性能的设计原则。

文艺复兴时期的建筑师帕拉第奥在《建筑四书》中讨论了气候问题,提出了根据气候确定窗户大小的精确方法[5]。尽管当时还没有计算热阻或热损失的方法,但可以通过控制窗户的尺寸来减小气候的影响,使得建筑在气候方面具有一定的适应性。在这个时期,除了遮风挡雨,人们对建筑的环境性能产生了更多的需求,隔热和控制窗户尺寸等建筑技术应运而生。

然而,这些策略都只能使建筑被动地应对不利自然条件或气候的影响,建筑也因此展现出明显的地域特色。这种情况持续到工业革命之前。对于这类采用被动适应策略的建筑,可以称之为"气候适应型建筑"。

1.1.2　工业革命后的环境调控型设计

随着工业革命的到来,建筑进入了"环境调控型建筑"的时代。这意味着建筑不再仅仅被动地适应环境,而可以通过利用新的技术手段和系统，如供暖、通风、照明系统等，主动调控建筑内部环境条件来提高舒适度并实现功能性目标，使建筑能够更加灵活地满足人们的需求。

自工业革命以来，人类的技术手段迅猛发展，远超过农耕时代。但这些技术突破也使人类变得过于狂妄，以为可以无限制地利用自然资源、改造自然。1928 年建成的萨伏伊别墅是当时最先进的建筑，引入了一系列工业成果，包括冷热水、煤气、电力、机械照明和集中供暖等设施[6]。其中，暖通空调技术代表了室内环境控制的一项重要进展，使人们能够轻松营造出极为舒适的室内环境，隔离外部气候对自身的影响。然而，这种技术的实施也存在巨大的代价：这一时期的建筑依赖大量能源来维持运行，同时也排放了大量废弃物（包括温室气体），对自然环境造成了较大的负面影响。

面对环境日益恶化以及人与自然关系失衡的问题，现代建筑先驱们通过被动式设计方式，尊重气候、阳光和风对建筑的影响，试图使建筑重新适应气候条件：赖特在他的作品中运用天体几何学，通过设计不同深度的挑檐来调节射入室内的阳光。在他设计的罗比住宅中，西侧深远的屋檐恰好避免了夏日午后的阳光进入室内，而南向长窗上的水平屋檐出挑宽度则符合夏至日太阳高度角的要求[7]。格罗皮乌斯在许多设计中考虑了对太阳照射角度的利用[8]。勒·柯布西耶提出了环境调控的五个技术要素，即"中性墙体""精确呼吸""遮阳系统""天然采光"和"自然通风"。这些要素中的后三项都属于被动式技术，他的环境调控理念也在阿尔及尔规划和昌迪加尔规划中清晰地体现了出来。

尽管这些适应气候的方法在一定程度上有助于平衡建筑与自然的关系，但建筑仍然需要消耗大量的能源。技术本身的双重性就此显现——它在实现室内环境调控的同时，也给自然环境带来了前所未有的灾难。

1.1.3　数字时代下的性能驱动型设计

随着数字时代的来临，数字化的技术手段为建筑领域带来了系统性的变革，性能驱动型设计在建筑领域日益受到重视，近年来已成为研究的焦点，为建筑设计注入了创新的活力。这一方法将环境因素作为设计的起点，借助先进的算法，结合风、光、热、能耗等多种性能模拟器，能够协助建筑师在方案设计阶段更迅速地找出高性能方案，进而为深化设计奠定坚实基础。

清华大学林波荣教授指出性能驱动型设计的三个关键问题，即模型集成、实时性能分析和交互优化设计[9]。通过引入参数化生成技术，建筑师可以创造大量丰富的方案，极大地扩充了设计可能性；通过引入性能模拟技术，建筑师能够以接近真实物理世界的精度模拟建筑中的能量和物质流动，客观地评价每一种方案甚至每一步设计策略的性能优劣；通过引入智能优化算法，以往"试错式"的方案调整与优化变得高度自动化，不仅可以优化单一性能目标，也可以处理多性能目标的博弈问题。性能驱动型设计将参数化生成技术、性能模拟技术以及智能优化算法整合在一个设计框架中，使设计师在面对复杂多变的自然条件时仍能获得性能最佳的设计方案。同时，性能驱动型设计也为可持续发展目标的实现提供了强有力的支持。通过准确分析环境数据，建筑师能够更好地应对能源消耗、材料利用等方面的挑战，从而在保障生态平衡的前提下，创造出更加环保和可持续的建筑设计。

1.2
性能驱动型智能设计及其分支

性能驱动型智能设计代表了现代建筑设计和城市规划领域中的一次重大进步。这种方法以明确的性能指标为设计过程的导向，并在此基础上进一步引入了智能算法，如机器学习、遗传算法和人工神经网络等，以强化设计的创新性、提高其效率和精确性。通过集成这些先进的计算工具，性能驱动型智能设计能够在更广泛、更深入的层次上应对建筑设计和城市规划的复杂挑战。

智能算法的引入为建筑设计提供了前所未有的数据处理和分析能力。设计师可以利用大量的环境、社会和经济数据，对建筑的性能进行全面的预测和评估。这些数据不仅包括建筑物本身的物理属性和能耗模式，还涵盖了建筑对周边环境（如微气候、城市热岛效应等）的影响，以及建筑使用过程中用户的行为模式。这种全面的数据分析和性能评估能够确保设计方案不仅在理论上有所创新，而且在实践中可行，真正满足未来建筑在可持续性、环境适应性和用户舒适度等方面的高标准要求。

此外，性能驱动型智能设计还特别强调设计方案的优化过程。智能算法能够自动化地生成多个设计方案，并基于预设的性能指标进行评估和比较，从而识别出最优方案。这个过程不但大大提高了设计的效率，减少了人工试错的时间和成本，而且可以通过算法的自动迭代优化，产生传统设计方法难以发现的创新解决方案。

在实践中，性能驱动型智能设计的应用范围极为广泛，它可以用于解决建筑物的能源效率问题、提高居住和工作空间的舒适度、优化城市空间布局以强化社会互动和公共安全，甚至可以在更大尺度上帮助规划城市基础设施，以适应气候变化带来的影响。

根据设计对象的不同，性能驱动型智能设计可分为形态智能设计、结构智能设计、行为智能设计、材料智能设计、能源智能设计、环境智能设计等，分别对应了对建筑美学性能、结构性能、行为性能和环境性能等的智能优化。

1.2.1　形态智能设计

形态智能设计最早可追溯至 20 世纪 60—70 年代，建筑理论先驱克里斯托弗·亚历山大（Christopher Alexander）提出并逐渐完善了"模式"的概念，并通过发表《建筑模式语言》（*A Pattern Language*）和《建筑的永恒之道》（*The Timeless Way of Building*）等著作，建立了"模式语言"的设计方法来反思现代建筑设计流程和方法。"模式语言"试图通过对已有建筑形式和建造经验进行"分解"和"重组"，形成可控制和可重复使用的模式。这些模式将建筑问题分解，并利用数学模型进行评价和推演，使得计算机能够主动参与建筑设计过程[10]。亚历山大的理论成果不仅在建筑生成设计领域具有重要的学术地位和学术价值，还对计算机科学和软件工程领域的模块化编程和面向对象的编程等编程方法产生了重要影响，他的著作也被计算机和软件工程师视为经典[11]。

形态智能设计继承了亚历山大的模式理论，借助参数化生产工具，基于复杂系统理论，如非线性理论、分形理论和仿生理论等，旨在创造非传统的建筑形式和结构，以追求更佳的性能表现，而这些方法的应用将为建筑设计带来新的可能性。形态智能设计使人们可以更轻松地实践不同的建造逻辑，例如模仿生物体的建筑表皮、多方向探索多样化的建筑形态；或者以历史建筑理论为启发，将历史建筑形态转译为当代语言；又或者利用3D打印、机器人增材减材等技术复原自然形态，等等。

当前，形态智能设计已成为国际上众多建筑院校和机构热切探索的研究领域。例如，皇家墨尔本理工大学（RMIT）的标志性作品"大阪云"（Cloud Osaka）是一个将流体动力学与"设计物理学"创造性结合的案例，其独特的形式成为城市地标性景观和高新科技的展示点。扎哈·哈迪德建筑事务所（Zaha Hadid Architects）的计算研究部门CODE通过结构生成和打印创造出实验性作品"社区居住房屋方案"。伦敦建筑联盟学院的"设计研究实验室"项目 [Design Research Laboratory AADRL, London (UK)] 通过形态生成方法创造出有机共享社区建筑形态，通过将3D打印技术与黏土材料结合应用，促进可持续的社区发展。同济大学的袁烽教授多年来专注于数字设计和智能建造方法的研究，在形态生成和优化的过程中重新思考了历史上的经典建筑结构，设计作品包括2018年威尼斯建筑双年展中国馆的"云市"和2018年世界人工智能大会（WAIC）的3D打印咖啡厅[12,13]。这些实例的设计目标集中在利用智能设计方法实现形态的创新与优化，探索建筑和城市空间在功能性、美学和环境适应性方面的新可能性。形态智能设计通过高级算法和计算技术，不仅能够实现设计上的突破，还能够响应当代社会对于高效能源利用的需求。

此外，形态智能生成设计也促进了城市设计理论与技术方法的发展。王建国院士提出了城市设计的四代范式，并且阐明第四代城市设计应以形态整体性理论重构为目标，并以基于人机互动的数字技术方法工具变革为核心特征[14]。受复杂性科学推动，融合数学理论、工程思维与计算机技术的当代计算性设计可以与城市环境性能的优化紧密结合。

1.2.2 结构智能设计

自文艺复兴时期以来，建筑师和结构师的角色逐渐分离，建筑师负责主导建筑的形态设计，而结构师则负责结构配置，这种合作模式长期以来形成了一种结构对形态／美学的"后合理化"模式。随着建筑设计和建造的复杂性和多样性呈指数级增长，这种长期分离的状态一方面导致了建筑师在结构方面意识的匮乏，即倾向于只关注纸面设计而忽略技术和成本因素，另一方面，结构师在前期设计阶段参与不足，更多成为了后期的"结构施工工人"。随着数字模拟技术的进步和一体化操作平台的出现，数据传递的延时性降低，跨时空合作的可能性增加，不同学科和知识的跨界交流为建筑学和结构工程学的新融合带来了机遇。这意味着建筑师和结构师可以更加紧密地合作，共同考虑建筑设计的性能因素。这种融合有助于充分发挥数字模拟技术的优势，实现更高水平的跨学科合作和创新，从而为建筑设计和结构工程领域带来更多可能性。

结构智能设计是建筑和工程领域中一个创新的设计方向，它融合了结构工程的原理与智能算法的计算能力，旨在优化建筑结构的性能与效率。这种设计方法强调以结构的稳定性、经济性、可持续性以及对环境的响应为导向，通过利用先进的计算模型和算法，自动生成、评估和优化结构设计方案。这种设计方法能通过精确计算和模拟，确保建筑结构的安全性和经济性。在数字化时代之前，建筑师们就已经开始使用三维物理模型来进行"形态探索"，即利用三维物理模型本身在客观物理条件下能够自我寻优的特点，试图实现对建筑结构的严格预测。例如，安东尼奥·高迪（Antonio Gaudi）在圣家族大教堂的设计中采用链条和沙袋进行悬挂实验，以寻找最佳的尖塔形态；弗雷·奥托（Frei Otto）通过肥皂泡实验，改变钢丝圈的形状和尺寸，利用肥皂泡的表面张力来探索"最小曲面"的结构形态。在这种以结构为主导的逻辑下，建筑形态不再仅仅是建筑师个人审美追求的体现，而是对自然形态的再现。如今，借助强大的计算机算力，出现了许多"结构探索"软件和插件，它们能够在建筑设计的早期阶段，帮助建筑师实现结构与形态的实时交互，特别适用于壳体结构、张拉膜结构等特定结构类型。此外，数字时代涌现出的有限元分析和拓扑优化等结构分析方法，因其更高的精度和更快的计算速度而被广泛应用于寻找结构最佳形态和尺寸。谢亿民院士开发的双向渐进结构优化方法（Bidirectional Evolutionary Structural Optimization，BESO），可以根据结构受力情况在低效区域删除材料，在高效区域增加材料，进一步提高了优化过程的可靠性和效率[15]。

　　除了不断精进的结构模拟计算技术，建造方法的创新也是实现结构智能设计的关键。新的建筑材料（如 PLA 和 ABS）以及新的建造方式（如 3D 打印、数控机床和机器人建造）使得计算机模拟设计中形态、材料和密度的丰富变化成为可能。在可预见的未来，不难想象，结构智能设计将成为重新连接建筑设计和结构设计的桥梁，实现美学与性能在更高程度上的融合，重新定义建筑师和结构师的角色和职责。

1.2.3　行为智能设计

建筑始终是为人类设计的空间，承载着人类的物质和精神活动，是人们的物质与精神家园。过去，建筑师在设计空间时常常以人体尺度为参考，例如古希腊神庙中的多种柱式均源于对人体比例的模仿，柯布西耶的《模度》（Modulor）探讨了人体工程学，这表明在建筑的构建过程中，"人"是不可或缺的因素。

行为智能设计是一种创新的设计理念，它将用户行为和交互模式作为设计过程中的关键考量因素。通过收集和分析用户在空间中的行为数据，这种方法利用智能算法来预测和模拟人们如何与空间互动，从而指导空间布局和设计的优化。其核心目标在于创造出能够促进社会互动、提升使用效率、增强用户满意度的建筑和城市环境。在实现行为智能设计的过程中，先进的数据采集技术和智能算法发挥着至关重要的作用。设计师首先通过安装在空间中的传感器收集数据，如人员移动轨迹、停留时间等，再借助机器学习和模式识别技术分析这些数据，便能够深入理解用户的行为习惯和空间使用模式。这些洞察为设计提供了强有力的数据支持，使设计方案更加贴近用户的实际需求和行为习惯。

"集群智能"是一种模拟人类行为模式与个体活动特征的方法。它采用"自下而上"的建筑成形技术，将个体单元作为数字化建造的最小对象。通过设定简单的运行逻辑，如特定的社会关系和组织模式，可以得到更大尺度下复杂的集群行为特征。通过这种方法，设计师能够根据用户群整体的行为逻辑生成整体建筑结构，有效地实现数字化建造。在这一过程中，"元胞自动机""蚁群算法"等智能算法框架被广泛应用于建筑行为性能研究，如结合模拟得到的人流数据等信息，能更好地分析空间的排列等级、可达性和有效性。这种自下而上的设计手法能够帮助设计者合理安排空间。美国劳伦斯伯克利国家实验室洪天真与清华大学燕达团队对建筑中人的行为开展长期研究，指出使用简化的方法或工具来量化建筑性能模拟中居住者行为的影响非常重要[16]。

行为智能设计的应用范围广泛，从公共空间到办公环境，再到零售和商业空间，都可以见到其影响。例如，在公共空间设计中，通过分析人群行为模式，可以设计出既美观又功能丰富的休闲和社交场所；在办公空间布局优化中，可以根据员工的工作习惯和交流需求，创造出促进合作和提高工作效率的环境；在零售和商业空间设计中，通过理解顾客的购物行为和偏好，可以优化店铺布局和顾客流线，以增加顾客满意度和销售效率（图1-1）。在未来的研究中，行为性能设计的范畴将不仅限于上述情况下的模拟和分析，还可以考虑融合社会学、心理学、传播学等学科，形成跨学科应用的实际范式，创建一种结合人群心理认知、建筑学、数字媒体、情感计算和交互式用户体验的数字建筑新模型，通过探索数字建筑与人工智能等新技术的融合，整合人类感知、认知和行为来驱动传感[17]和智能空间设计，使空间能响应人类情绪状态、缓解恐惧等负面情绪、激发正向情绪等，从而促进个人和社会的进步。

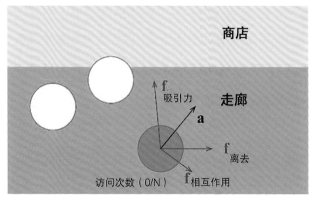

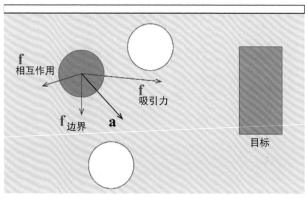

图 1-1   人流与空间设计的关系示意图

1.2.4   环境智能设计

建筑设计在塑造室内外环境与提升居住和工作舒适度方面扮演着至关重要的角色。设计决策如建筑朝向、外形、材料选择以及窗户的大小和位置等，会直接影响自然光的引入、室内外温度调节以及空气流通的效率，进而决定了建筑能耗的高低和使用环境的舒适度。优良的建筑设计不仅要最大化地利用自然资源，如阳光、风力等，减少对人工照明和空调系统的依赖，还要提供健康、舒适的室内环境，从而提高使用者的幸福感和工作效率。

在环境智能设计兴起之前，环境性能导向的建筑设计已经存在，但环境性能评估的复杂性及传统方法的效率问题长期以来也带来了显著挑战。传统评估主要依赖于数值模拟及主观决策，这种方法在处理建筑与环境相互作用的多维动态过程时显得尤为笨拙和低效。例如，自然光照评估需考虑地理位置、季节变化、日照时长、气象条件及建筑本身的方位和构造等多变量的相互作用，这些因素共同决定了自然光照的强度和分布，及其对建筑能源效率和使用者舒适度的影响。在传统评估框架下，设计师往往难以精确捕获所有相关因素相互间的复杂影响，在设计过程中难免顾此失彼，从而导致评估结果的不确定性增加。对于大型项目，如城市区域规划，其中涉及的建筑数量庞大，且建筑与建筑间、建筑与自然环境间均存在复杂的相互作用，传统评估方法因计算能力受限而难以有效处理大量数据和复杂模型，也会影响评估的时效性和结果的可靠性。

环境智能设计代表了一种革新的设计思维，该过程可分为三个主要阶段：方案生成、方案评估和方案优化，每个阶段通过不同的技术实现其目标。方案生成可使用参数化设计与深度学习实现。其中生成对抗网络（GAN）等深度学习模型，能够学习大量设计数据，自动生成高质量的设计图像和模型，提供创新的设计灵感和方案。方案评估阶段旨在准确评估每个设计方案的环境性能，包括自然光利用效率、热舒适度、空气质量等。该阶段通过训练模型分析历史项目数据，预测设计方案的环境性能，其中机器学习模型可以处理复杂的数据集，快速评估方案的性能，提供定量的评估结果，是较为常用的模型。方案优化阶段的目标是对评估结果进行分析，并优化设计方案以达到最佳的环境性能。在该阶段，可使用多目标优化算法同时考虑多个性能指标（如能源效率和居住舒适度），找到最佳的设计权衡方案，或使用强化学习算法，通过与环境的交互学习，不断改进设计方案，以达到预定的性能目标。

在环境智能设计中，运用人工智能技术对设计方案进行快速迭代和优化也是一个重要内容。如机器学习算法通过分析大量的历史设计数据和环境性能记录，能够识别出不同设计因素与环境性能之间的复杂关联。这些算法可以预测不同设计方案在特定条件下的环境性能表现，如自然光利用效率、热舒适度和空气质量等。通过这种方式，设计师在早期阶段就能够评估方案的可行性，确保所选方案能够满足预定的环境性能目标。遗传算法的原理是模仿自然选择和遗传机制，通过迭代过程自动生成设计方案，并评估其性能，从而找到最优或近似最优解。深度学习算法，特别是卷积神经网络（CNN）和循环神经网络（RNN），则能够处理更为复杂的数据模式，实现更深层次的设计方案优化。这些智能优化技术能够在广泛的设计参数空间中探索，自动产生和细化设计方案，实现对建筑和城市环境性能的精细化控制。这不仅显著提高了设计过程的效率，也为设计师提供了超越传统思维限制的新途径，有利于激发创新设计思路。

展望未来，环境智能设计有着广阔的发展前景。随着深度学习、大数据分析等技术的进一步发展，环境智能设计将能够提供更为深入和全面的环境性能评估，为设计师揭示更多未知的设计可能性。同时，虚拟现实（VR）和增强现实（AR）技术的整合，将使得设计方案的可视化和评估更为直观、互动性更强，进一步提高设计的科学性和创新性。在可持续发展和绿色建筑的大背景下，环境智能设计将继续推动建筑和城市规划领域向更加可持续和人本化的方向发展，为创造健康舒适的居住与工作环境贡献重要力量。

1.3
环境智能设计的主要工具与算法

在环境智能设计中,一系列先进的工具和算法构成了设计师优化建筑与城市环境性能的核心武器库。这些工具和算法不仅促进了设计方案生成、评估和优化过程的自动化和智能化,也为解决设计中的复杂环境挑战提供了创新的解决方案。本节将深入探讨环境智能设计中的主要工具与算法,揭示它们如何使设计过程变得更加高效、精确,以及它们在推动建筑设计和城市规划朝着可持续与智能化方向发展中的关键作用。

1.3.1   主要工具

在环境智能设计的过程中,工具的选择和应用对于实现设计目标至关重要。根据不同设计阶段的需求,这些工具大致可以分为建模工具、模拟工具和优化工具三大类，每类工具在设计流程中发挥着特定的作用。

建模工具是环境智能设计的基础，它们使设计师能够构建数字化的建筑模型，为后续的分析和优化提供基础。这些工具通常具备强大的几何构建能力，支持从简单到复杂多变的建筑形态的创建。模拟工具用于评估建筑模型在特定环境条件下的性能，如光照、热环境、空气流动等，帮助设计师理解设计方案的环境响应情况。优化工具在环境智能设计中扮演着寻找最佳设计方案的角色，它们通过算法自动调整设计参数，以满足预定的性能目标。表 1-1 介绍了当前用于实现环境智能设计的主流工具。

表 1-1　　用于环境智能设计的主流工具

建模工具
Rhino / Grasshopper: Rhino 是一款强大的三维建模软件，支持精确的三维几何建模和多格式文件导入导出；而 Grasshopper 是 Rhino 的插件，提供可视化编程环境，允许用户创建参数化建模、数据驱动设计和算法控制的复杂模型。两者结合使用能够加速设计过程、提高设计灵活性，在建筑和设计领域应用广泛。

续表

Revit / Dynamo：Revit 是一款流行的 BIM 软件，用于建筑设计和工程，具有内置的参数化建模功能，支持智能建筑元素的创建和管理；Dynamo 是 Revit 的插件，提供可视化编程工具，允许用户创建参数化脚本来控制 Revit 模型，实现高度灵活的设计和自动化工作流程。Revit 与 Dynamo 的结合使建筑师和工程师能够更加智能化、更高效地设计、分析和管理建筑项目，从而提高设计质量和效率。

模拟工具

Ladybug Tools：主要用于建筑环境设计和分析，支持能耗模拟、自然通风分析、日照分析、室内照明分析等，可以帮助优化建筑方案的能源效率和舒适性。

Ansys Fluent：一款用于流体力学计算模拟的软件，旨在通过数值模拟来研究流体流动、传热、物质传输和其他相关现象。

OpenFOAM：一个开源的计算流体力学软件库和求解器集合，它提供了广泛的工具和算法，用于模拟流体流动、传热、物质传输等复杂现象。

优化工具

Python：一种通用编程语言，通过使用数据科学库（如 NumPy、Pandas、Matplotlib、Seaborn、Scikit-learn 等）可以进行数据分析、统计建模、机器学习和可视化等任务。

续表

| MATLAB：一种数值计算和编程环境，广泛用于工程、科学和数学领域，它提供了丰富的工具箱，可用于数据分析、信号处理、图像处理等方面。 |
| R：一种开源的编程语言和环境，专门用于统计计算和数据分析，它具有丰富的统计工具包和可视化工具，广泛应用于学术界和研究领域。 |

1.3.2　主要算法

算法是实现环境智能设计优化、性能评估和决策支持的关键。以下是一些主要算法的介绍，包括最优化算法、机器学习、深度学习等。它们在环境智能设计中发挥着至关重要的作用。

最优化算法用于实现设计方案的自动优化，其中多目标优化算法最广为人知。在性能驱动的设计中，应用多目标优化可协同权衡各个互斥性能目标，为建筑师提供设计最优解集。机器学习与深度学习算法用于实现建筑设计中的性能预测，可通过批量数值模拟结合机器学习或深度学习算法构建代理模型，加速优化过程。机器学习（Machine Learning，

ML）与深度学习（Deep Learning，DL）的差别在于学习的性能参数的维度。数值型性能指标（低维数据）推荐应用机器学习，它具有训练迅速、不易过拟合等优势；对具有空间分布或时间序列的性能指标（高维数据）可应用深度学习，因为深度学习有利于从高维数据中发现隐藏结构。此外，深度学习的分支——深度强化学习可基于反馈机制训练一个自主优化智能体，可驱动参数化模型在任何环境下均能快速收敛到最优形态。表 1-2 给出了上述算法各自的代表类型及其简要介绍。

表 1-2　　用于环境智能设计的常用算法

最优化算法：一个数学模型、一个函数，或者是一个复杂的系统，其目标是最小化或最大化某种目标函数，同时满足一组约束条件。
遗传算法：一种受自然进化启发的优化算法，通过模拟遗传过程中的选择、交叉和变异等操作来寻找问题的最优解。它在搜索范围广泛的问题中表现出色，如优化、机器学习和进化设计。
退火算法：一种全局优化算法，模拟了材料退火过程。它在搜索复杂空间并在其中找到全局最优解方面能力很强，特别适用于组合优化和参数调整问题。
蚁群算法：灵感来源于蚂蚁在寻找食物时的行为。蚁群算法通过模拟蚂蚁的合作和信息传递，用于解决组合优化、路径规划等问题。

续表

机器学习（经典算法）： 从数据中提取模式、规律和知识，并利用这些学习到的知识来作出决策或预测。

决策树（DT）： 一种常用的机器学习算法，用于分类和回归任务。它通过构建树形结构来对数据进行分割和决策，易于理解和解释。

支持向量机（SVM）： 一种强大的监督学习算法，用于分类和回归。它通过找到能够将不同类别数据分隔开的超平面来进行分类，适用于高维数据和非线性问题。

神经网络（NN）： 一种相对简单的神经网络结构，通常由少量隐藏层组成，在一些简单的问题中表现出色，如二分类问题、回归问题和一些传统的模式识别任务。由于层数较少，前向传播和反向传播的计算效率较高，对于小规模数据集可以获得令人满意的结果。

集成学习（EL）： 将多个模型的预测结果结合起来，以提高整体性能的技术。它包括随机森林、梯度提升等方法，通常能够减少过拟合问题，提高泛化能力。

深度学习： 它使用神经网络模型来学习数据的表示和特征。深度学习中的神经网络模型通常有多层，允许系统自动地学习数据中的层次化特征。

续表

卷积神经网络（CNN）：一种专门用于处理图像和视觉数据的神经网络结构。它通过卷积操作来提取特征，广泛用于图像分类、目标检测和图像生成等任务。

循环神经网络（RNN）：一种处理序列数据的神经网络，具有记忆能力，可用于自然语言处理、时间序列预测等任务。

生成对抗网络（GAN）：一种生成模型，包括生成器和判别器，它们相互竞争以生成更优的数据。它在图像生成、图像超分辨率、风格迁移等领域取得卓越成就。

深度强化学习：旨在使智能体（也称为代理）能够在未知环境中通过与环境的交互来学习最优策略，以最大化地累积奖励。

单智能体强化学习：一个与环境进行交互的独立的智能体。这个智能体通过尝试不同的动作来最大化累积奖励，从而学会在特定环境中采取最优的行为策略。

多智能体强化学习：涉及多个智能体在共享或竞争的环境中学习合作或对抗的策略。这些智能体之间的互动复杂，需要考虑合作、竞争和博弈的因素。多智能体强化学习在协调、分布式决策和多智能体系统问题中发挥重要作用。

1.4
本章小结

　　本章全面回顾了环境性能导向的建筑设计的发展脉络、现状及其在应对当前建成环境挑战中的重要意义。从工业革命前被动适应自然环境的适应型建筑设计，到工业革命以来环境调控型设计的发展，直至当下数字技术时代性能驱动型智能设计的兴起，本章展现了建筑设计理念及实践方法如何随着时间的推移和技术的进步而演化。特别是在性能驱动型智能设计领域，本章深入探讨了形态智能设计、结构智能设计、行为智能设计和环境智能设计这四个子领域，进一步介绍了如何应用先进的计算工具和算法来提升建筑的环境性能，使建筑设计向更高效、更可持续的方向迈进。

　　此外，通过对环境智能设计中主要工具与算法的讨论，本章不仅展示了当前技术如何支持设计师在方案生成、评估和优化过程中作出更精准和高效的决策，还指出未来建筑设计将更加依赖于这些智能技术的发展。随着人工智能、机器学习、深度学习以及深度强化学习等技术的进一步成熟和应用，环境智能设计有望为解决复杂的环境挑战提供更加创新和有效的策略。

在后续章节中，本书将继续深入探索环境智能设计如何在对特定环境性能——如风环境、光环境和热环境性能——的优化设计中发挥作用。这些探讨将更具体地揭示环境智能设计如何细致地考量和解决各种环境问题，以及在设计中如何利用先进技术实现建筑与城市环境性能的优化。

2

设计中的
风环境智能

2.1
城市设计中的
风环境概述

　　随着中国社会经济的快速发展和城市化进程的推进，许多城市面临着人口数量增多、土地资源紧缺的问题[18]，城市中心区"超密度、超强度、超高度"的发展趋势愈发明显。然而，这种发展也带来了一些问题：城市中心区的气流运动受到地表粗糙度增加的影响，近地面处湍流运动更加复杂，使得建筑周边出现强风区、静风区、涡流区等不利的风环境。有研究表明，近年来，城市中心区的风速普遍呈现逐年递减的趋势，静风频率增加，大风日减少，小风日增加[19,20]；与此同时，热岛效应使得中国城市气温整体上升，这些现象给人们的安全、健康和舒适带来了隐患。因此，许多研究都集中在解决"气候环境""健康舒适"和"污染物扩散"等城市风环境相关问题上，致力于为城市空间形态的设计提供科学合理的环境性能分析、评价和优化策略[21]。

　　然而，中国传统的城市规划和设计实践主要依赖风玫瑰图和污染系数玫瑰图等单一气象信息来评估城市的通风状况，而没有考虑室外舒适性、污染物扩散等因素，存在一定的局限性[21,22]。国务院印发的《"健康中国 2030"规划纲要》明确提出了"健康优先"的原则，要求深入开展大气、水、土壤等污染防治，"以提高环境质量为核心"，并"实行环境质量目标考核"。因此，在城市基础设施的规划设计中考虑其对气候变化的中长期影响已迫在眉睫。针对这一现状，最直接的策略是将环境性能的数字模拟分析过程与城市空间形态的设计与优化过程相结合，进行环境性能驱动型设计。

　　在性能驱动型设计中，针对风环境的智能设计已有不少研究与实践：欧洲的多所高校在位于五个欧洲国家、七个不同纬度和气候带的城市开展了"重新审视城市域与开放空间"（Rediscovering the Urban Realm and Open Spaces，RUROS）联合项目，通过持续监测室外动态环境参数值、进行大量室外热舒适性问卷调查，发现风环境是影响人们热感受的重要因素之一[23]。香港中文大学 Edward Ng 团队主导制定了《香港空气流通评估方法技术指南》（Technical Guide for Air Ventilation Assessment for Developments in Hong Kong），提出了高密度城市弱风条件下的合理规划和设计方法[24,25]。荷兰埃因霍芬理工大学 Bert Blocken 团队提出了评估城市与校园室外风安全与风舒适的通用计算流体力学（Computational Fluid Dynamics，CFD）技术路线，并讨论了建筑密度与街道宽度对城市通风的影响[26]。中国部分地方政府还发布了相应标准，指导设计师更规范地进行模拟工作，例如《上海市建筑环境数值模拟技术规程》。美国普渡大学陈清焰团队对比了不同快速流体力学（Fast Fluid Dynamics，FFD）的湍流模型在预测室外气流与污染物扩散中的效果，发现在不降低精度的情况下，FFD 比 CFD 具有更高的计算效率[27]。中山大学杭建团队采用 CFD 进行城市建筑群理想阵列模拟，总结了建筑布局、建筑高度变化对城市污染物扩散效率的影响[28]。华中科技大学徐燊团队使用地理加权回归分析了城市绿地对颗粒物污染影响的空间异质性[29]。东南大学杨俊宴团队从风环境等物理环境角度对城市设计方案进行多轮模拟与交互反馈，实现从地段、街区到建筑组团的逐级优化过程[30]。哈尔滨工业大学史立刚团队提出风环境响应的寒地体育场设计方法[31]。重庆大学胡纹、何宝杰团队以深圳后海中心区为实证对象，提出"双循环"+"多尺度"嵌套的风环境评估技术路线[32]。东华大学刘建麟团队对比了多种场景下风环境 CFD 模拟的多种湍流模型异同，为风环境智能设计中的湍流模型选择提供指南[33]。

2.2
城市风环境评价

　　对城市风环境进行精确的评价，是风环境性能驱动的智能设计过程中的一个重要步骤。本节将详细介绍评价过程的关键组成部分：城市风环境的评价指标和这些指标的计算方法。这两个部分为设计师提供了量化风环境性能的手段，也为后续的设计优化和决策提供了科学依据。

2.2.1　城市风环境的评价指标

　　在对城市风环境进行综合评价的过程中，合适的评价指标不仅需要反映风对城市空间的直接影响，还应考虑到风环境对居民日常生活和城市可持续性的长期效应，包括行人高度风、平均风速、风速频率、风向频率、风压分布、湍流强度、垂直风切变、通风效率以及空气质量等。这些指标涵盖了从行人舒适度到城市气候调节的多个方面，为城市风环境的评估提供了一个全面而深入的视角。本节将逐一解释它们在衡量和优化城市风环境中的关键作用，为设计师和城市规划者提供有效的评估工具和设计指导。

行人高度风（Pedestrian Level Wind）

行人高度风衡量了行人在街道和城市空间中所经历的风场情况，通常是指在行人身体高度处的风速和风向。这一指标对城市规划和建筑设计至关重要，因为它直接影响着行人的舒适度和安全性，如较大的行人高度风速可能会使行走变得不舒适，甚至危险。这一指标可用于城市街道、公共空间和建筑物的设计，以提供更好的城市体验并保障行人安全。

平均风速（Average Wind Speed）

平均风速是特定空间区域内风速的平均值，它用于揭示城市或地区的风环境特征。通过收集和分析风速数据，可以获得关于风的方向、强度和频率的信息，这对城市规划、建筑布局和可再生能源项目的选址至关重要。对平均风速的分析有助于优化城市风环境、提升建筑的通风效果、预测风能潜力，以及研究城市气象条件对居民和建筑物的影响。

风速频率（Wind Speed Frequency）

风速频率描述了一定时间内不同风速级别的出现频率或概率。通常将观测的风速数据分成不同的风速范围（例如，0 ~ 5 m/s、5 ~ 10 m/s 等），并统计每个风速范围的观测频率。这一指标有助于了解风环境中不同风速条件的分布情况，可用于支持建筑物的风稳定性和安全性的评估。

风向频率（Wind Direction Frequency）

风向频率描述了风来自不同方向的概率分布。通过统计分析风向数据，可以确定在某个城市或地区内风最常从哪个方向吹来，这对于建筑物朝向设定、城市规划和风能项目的选址非常重要。例如，在城市规划中，通过分析风向频率可以使建筑的布局避开风向频率较大的方位，以降低侧向风对建筑物的影响。风能发电项目选址则宜位于风向频率较大的方位，以最大化提高发电效率。

风压分布（Wind Pressure Distribution）

风压分布描述了风在建筑物表面的压力分布。这对于确定建筑物的结构设计和外墙防护非常关键。例如，通过风压分布分析可以评估建筑物表面的最大风压，并采取相应抗压对策，以确保建筑物可以抵抗强风的影响。

湍流强度（Turbulence Intensity）

湍流强度描述的是风中湍流的程度，通常使用风速波动的标准差来计算。较高的湍流强度可能会增加建筑物的振动和噪声，因此在建筑物外墙和窗户设计中需要考虑这一指标。湍流强度的减小有助于提高建筑物内的环境舒适度。

垂直风切变（Vertical Wind Shear）

垂直风切变描述了不同高度处风速和风向的变化。它可用于建筑物高度的确定和一定垂直风切变条件下的建筑物安全设计。垂直风切变也对风能项目的布局和风荷载评估有重要影响。

通风效率（Ventilation Efficiency）

通风效率用于评估和优化建筑物内部气流的流通效率和通风系统的性能。这对于提高室内空气质量、减少热应力和改善舒适度非常重要。

空气质量（Air Quality）

空气质量指标能反映污染源的位置，以及污染物的排放量、化学成分及其在大气条件下的扩散过程。空气质量分析可以帮助确定城市建筑内部和周围的污染物浓度分布，从而评估污染暴露水平，支持改善通风系统、建筑布局和城市环境的对策制定，以提高城市空气质量和居民健康水平。

2.2.2　城市风环境指标的评估方法

本节专注于探讨城市风环境指标的主要评估方法，包括实测方法、风洞实验、数值天气预报模型、计算流体力学模拟、统计学方法以及机器学习技术。这些方法各有特点和应用范围，从直接的实地测量到高度抽象的模型模拟，它们共同构成了评估城市风环境性能的多维度工具集。通过对这些方法的详细介绍和分析，本节旨在展示如何利用这些工具来精确评估城市风环境，并指导城市设计中的风环境优化。

实测方法

实测方法是通过在城市中设置气象测量站点，实时收集和记录气象数据来分析城市风环境。这包括测量风速、风向、温度、湿度和气压等气象参数，以了解城市风场的实际情况和变化。

优势：提供真实的城市气象数据，对城市风环境的描述具有高可信度。适用于验证和校准模型。

劣势：有限的观测站点可能无法全面覆盖城市，导致数据不足。成本较高，需要持续投入来维护测量设备和保证数据质量。

风洞实验

风洞实验是一种物理实验方法，通过在实验室中使用缩比模型和风洞设备来模拟城市风场。这可以帮助评估建筑物和结构在不同风速和风向下的性能，以及城市布局对风场的影响。日本建筑学会（Architectural Institute of Japan，AIJ）拥有一个庞大的风洞实验数据库，收录了大量建筑物和结构在特定风场中的性能数据。

优势：可在受控环境中模拟城市风场，提供有关建筑物和结构性能的详细信息。适用于研究特定工程项目的风效应。

劣势：费用昂贵，需要耗费大量时间和资源。仅适用于缩比模型，可能无法考虑真实情况下城市的整体风环境。

数值天气预报模型

数值天气预报模型是使用物理方程和气象数据进行数值模拟，以预测大气运动和城市风场。常见的数值模型包括气象研究与预报模式（Weather Research and Forecasting Model，WRF）等。这些模型需要输入大量气象数据，包括气象观测数据、地形数据和边界条件，可以提供城市规划和应急管理所需的风环境信息。

优势：能够提供城市尺度的气象信息，也可对未来气象进行预测。适用于城市气象预测和城市规划。

劣势：需要大量计算资源和气象数据。模拟结果的分辨率较低，可能无法捕捉城市内部的小尺度风场。

计算流体力学（CFD）模拟

计算流体力学（CFD）模拟通过数值方法解决 Navier-Stokes 方程，通过离散化、数值逼近和迭代求解来模拟流体的流动行为。运用 CFD 方法可以将建筑物、街道和地形等的几何细节纳入考虑来模拟城市风场的空间分布。CFD 通常用于分析城市中的风速、风向、湍流强度和压力分布。商业软件（如 Ansys Fluent 和 COMSOL）和开源工具（如 OpenFOAM）均可用于进行 CFD 模拟。

优势：可进行高分辨率的城市风场模拟，也可用于分析复杂城市布局中的风环境。适用于建筑设计和城市规划。

劣势：计算成本较高，使用者需要具备扎实的数学和流体力学基础，以及对数值计算方法和计算机编程的理解，以有效地使用 CFD 软件进行模拟。模拟较长时间段内的风场情况可能耗时较久。

统计学方法与机器学习相结合

这是一种数据驱动的分析方法，通过分析历史数据并建立数学模型来预测未来事件或分析复杂的关系。在城市风环境的研究中，这些方法可以用于建立预测模型以估计气象参数（如风速、温度、湿度等）的未来状况，从而描述城市未来风环境的特性。这些模型所用的数据来源包括城市气象历史数据、地理信息系统（GIS）数据和其他环境因素数据。

优势：可以使用历史数据建立快速的预测模型，适用于城市气象参数的短期预测和趋势分析。

劣势：对于复杂城市风环境的模拟可能准确性有限，计算效率较低，难以大范围推广使用。

2.3
城市风环境智能
研究

2.3.1　风环境指标智能预测方法

当前，城市风环境性能指标的计算面临几个显著挑战：首先是计算效率低，尤其是在模拟复杂城市场景时，传统的数值方法需要耗费大量的计算资源和时间。其次，这一领域通常需要高度专业化的知识，包括流体力学知识和数值模拟技能，这使其在非专业人员中的应用受到限制。此外，城市风环境模拟往往被视为设计过程后期的工作，难以在建筑设计和城市规划的早期阶段应用，从而限制了其在决策制定过程中的实际价值。为了改善计算效率，以往的研究致力于简化物理模型，如采用网格模型或零方程模型，以降低计算复杂性，或使用降阶模型来减少计算资源需求，但这些简化模型通常会引入一定程度的近似，可能影响模拟结果的准确性。

机器学习作为一种数据驱动的方法，在城市风环境计算中具有显著的优势。它能够通过自动学习，从大量实际数据中获得模式和流场结构来提高计算效率和准确性。机器学习方法可以处理非线性、多尺度和复杂的流动现象，减少了对专业知识的依赖，因此适合更广泛领域的从业人员使用。此外，机器学习模型可以在项目的早期设计阶段就开始应用，为制定决策提供更全面、更智能化的支持。

将机器学习与 CFD 结合，可形成风环境指标智能评估方法，包括：

指标预测（Metric Prediction）

在城市规划和建筑设计中，机器学习可用于预测各种城市风环境指标，如平均风速、通风效率、污染物浓度等。通过分析大量历史数据和城市特征，它能够帮助规划师和设计师更精确地了解城市风环境的性能，优化城市规划和建筑设计，提高城市的气象适应性和人居舒适性。当所预测的指标维度较低时，通常使用经典机器学习算法进行模型训练，例如决策树、支持向量机、浅层神经网络等。

流场重建（Flow Field Reconstruction）

机器学习可利用有限数量的城市风环境传感器数据，如气象站和风速测量仪的观测数据，来还原整个城市区域的风场分布。通过建立数据驱动的模型，它能够准确地估计风速、风向、湍流强度等参数，有助于实现对城市风环境的实时监测与控制，提高城市的气象预测和风险管理能力。通常使用深度神经网络（DNN）或卷积神经网络实现流场重建，当前，生成模型以及超分辨率算法也被证明具有应用潜力。

湍流建模（Turbulence Modeling）

湍流是城市中一种复杂的风环境现象，机器学习可以用于改进湍流模型。通过学习湍流流场的特征和行为，它有望提高湍流模拟的准确性，更好地捕捉城市中湍流的发展和演变，从而为城市规划和风环境工程提供更可靠的数据支持。由于湍流具有较多隐藏信息以及高维结构，可以使用深度学习模型 [如多层感知器（MLP）和卷积神经网络] 进行较大规模的湍流建模。此外，生成对抗网络等生成模型已经在湍流建模中得到广泛应用。这些模型能够生成具有湍流特征的合成流场数据，从而有助于提升湍流模型训练的准确性。

多尺度数据同化（Multi-scale Data Assimilation）

城市风环境涉及多个时间和空间尺度，机器学习可以用于跨尺度数据同化。它能够将来自不同尺度的气象和风流动数据融合在一起，实现多尺度数据集成，为城市风环境模拟提供更全面的信息，以支持更精确的城市规划和气象预测。深度学习模型可以用于学习不同尺度数据之间的关联性和映射关系，这包括使用卷积神经网络来学习从粗糙尺度到精细尺度的信息传递，或者使用循环神经网络来捕捉时间序列数据的多尺度特征。此外，城市风环境数据通常包括不同类型的数据，如气象数据、建筑参数、地形信息等。深度学习可以用于多模态数据的融合，将来自不同数据源的信息整合到一个统一的模型中。

2.3.2　案例：中国华东地区工人新村室外风环境评价研究[1]

研究背景

在 20 世纪 50—80 年代，为缓解住房短缺问题，地方政府在中国华东地区大规模兴建了名为"工人新村"的典型住宅形式[34]。如今，这些住宅社区多已老化，建筑内及室外环境舒适度大大下降。随着城市更新趋势兴起，改善老旧小区的室外环境舒适性问题变得十分重要。

既有研究表明，建筑的几何形态因素与室外风环境性能之间存在关联。因此，本案例旨在以华东地区的若干城市为例，探究工人新村住区的几何形态因素与室外风、热环境舒适度之间的关系。此外，鉴于现实中的工人新村改造往往涉及大量建筑，对决策效率要求高，本案例尝试将机器学习方法引入对工人新村的环境性能评价，从而提高对

1　完整的研究还包括对工人新村的室外热环境指标（UTCI）进行预测评估，在实际操作中，对风环境、热环境指标的计算与预测同步进行，原理相似，本书主要围绕风环境指标的模拟评估展开介绍。

大量住区样本的环境性能评估效率，为现实中的城市更新项目决策提供更具普适性的参考。

目标与思路

本案例旨在探索一种基于智能算法的环境性能评估方法，该方法能够快速、准确地帮助设计师和决策者全面了解不同形态的工人新村的室外风环境状况，并为未来城市更新项目提供有针对性的建议，为城市规划和设计提供强有力的支持。

案例首先运用大数据方法，获取上海市内 150 个工人新村的几何形状，计算其形态指标，并利用 CFD 方法模拟了其对应的风环境指标数据。随后，采用多元统计分析方法，研究建筑形态指标对工人新村室外风环境舒适性的影响，为优化工人新村的室外风环境提供了依据。最后，以上海 150 个工人新村的建筑形态指标数据，及其对应的风环境指标数据作为训练数据集，对机器学习模型进行训练，选出模拟性能最优的算法模型，用于对江苏省、浙江省的 1118 个工人新村的室外风环境指标进行评估。

方法与数据

案例选取夏季和冬季这两个关键季节进行风环境性能评价。不同季节的气象条件资料为各研究城市的气象站获取的真实气象数据，用于在环境指标预测中设置恰当的初始条件，以确保研究结果的准确性和可靠性。

在数据集构建阶段，首先进行大规模的工人新村形态数据收集，利用地图网站获取兴趣点数据（Point of Interest，POI）和兴趣面数据（Area of Interest，AOI），并对这些数据进行筛选和分类。借助 ArcGIS 软件，筛选分类后的数据被转换成三维块状模型，并在处理过程中剔除了异常值，最终形成了包含 150 个上海市有效样本，以及 1118 个江苏省、浙江省有效样本的工人新村模型数据库（图 2-1）。数据库中除样本的建筑三维模型信息外，还包括经过标准化处理的地理位置以及其他相关信息。然后以上海市样本为例，计算模型形态学指标，用于描述每一个工人新村的几何特征，包括建筑覆盖率、建筑体积密度、容积率、建筑高度、地面粗糙度、标准差、正面面积指数和天空视域因子。随后，根据上海市夏季、冬季气象资料，运用 CFD 方法，模拟计算此 150 个样本的风环境指标，包括静风率（Static Wind ratio）、风速标准差（Wind Speed Standard Deviation）、平均风速比（Mean Velocity Ratio）。在此阶段，150 个上海工人新村样本的形态指标数据，以及经 CFD 方法模拟得出的风环境指标结果，构成了后续将用于训练机器学习模型的训练数据集。

在数据分析阶段，首先采用多元统计分析方法，包括相关性分析和多元线性回归分析，以探究建筑形态因素与其室外风环境效应之间的关系。

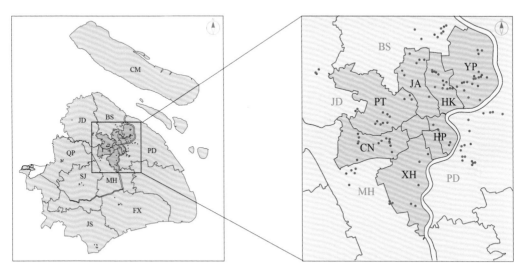

上海市各行政区拼音代码

PD：浦东新区   SJ：松江区   HP：黄浦区   JA：静安区
BS：宝山区   JS：金山区   XH：徐汇区   HK：虹口区
JD：嘉定区   FX：奉贤区   CN：长宁区   YP：杨浦区
QP：青浦区   CM：崇明区   PT：普陀区   MH：闵行区

图2-1　城市风环境智能评估研究场地
左图：上海市工人新村的分布情况；
右图：上海市中心城区工人新村的分布情况

为了确保样本数据的独立性，本案例还进行了Durbin-Waston检验。

　　在大规模模拟预测阶段，运用上述得到的训练数据集，对七种不同的经典机器学习模型分别进行训练，包括线性回归、过程回归、交叉分解和人工神经网络等。在机器学习模型中，输入数据为样本的几何形态指标及所在城市的气象数据，输出数据则为风环境指标数据（图2-2）。通过比

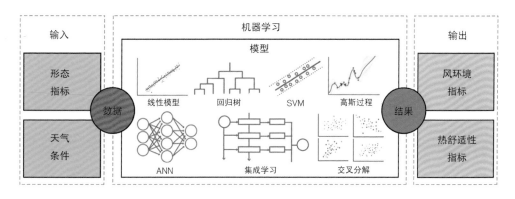

图 2-2 本案例中机器学习算法的输入输出

较拟合系数（R^2）和均方误差（MSE），对不同机器学习模型的模拟性能进行评估，选出模拟性能最优的机器学习模型。最后，将江苏省、浙江省 1118 个工人新村的几何形态数据和气象数据输入该模型，得到相应的风环境指标预测结果，从而比运用 CFD 方法大大减少了模拟的时间成本和复杂度。

研究结果

在建筑物形态的空间差异分析中，本研究发现，上海市各区工人新村样本的建筑覆盖率、容积率、平均建筑高度等指标分布相对均匀，表明工人新村在建筑形态上具有一定的一致性。然而，尽管整体一致，但不同区域的工人新村在形态上仍存在差异，如中心城区与郊区的建筑覆盖率和体积密度有所不同，这要求对不同区域的工人新村进行具体评估。在室外环境的空间差异分析中，夏季中心城区的静风率普遍高于郊区，冬季则中心城区和浦东新区的静风率较高；夏季南郊的平均风速比高于北郊，冬季则相反；中心城区的平均风速比在两季都低于郊区。这表明上海市不同区域风速在夏季和冬季存在空间异质性。通用热气候指数（UTCI）在各区域间几乎没有明显差异，显示出上海工人新村的室外环境普遍炎热且不舒适。（图 2-3）

通过比较，本案例发现 Adaboost 模型（集成学习 Ensemble 模型的一种子模型）的模拟预测性能最佳，并将其用于江苏、浙江 1118 个工人新村的风环境指标预测。预测的结果表明，江苏省、浙江省工人新村样本的室外风环境与上海相似，均有较高的静风率和较低的风速标准差，即这些地区的工人新村普遍存在通风问题。但江苏省的工人新村在夏季面临更显著的高温情况，而浙江省的工人新村在通风和热舒适度方面表现更好。（图 2-4）

结论与讨论

在建筑物形态的空间差异方面，结果显示，建筑覆盖率、容积率、平均建筑高度和高度散布等指标在上海各区分布相对均匀，表明工人新村的建筑形态具有相似性，为后续分析提供了可靠的数据基础。然而，各地区的工人新村在建筑形态上仍存在一定差异，尤其是中心城区与郊区之间的差异，需要进行详细评估。

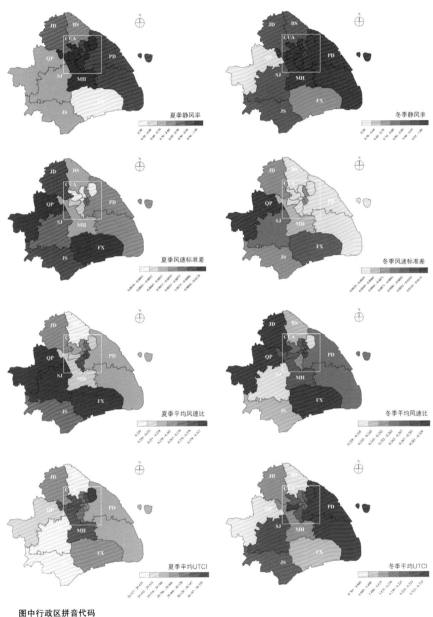

图中行政区拼音代码

PD：浦东新区　　　BS：宝山区　　　JD：嘉定区　　　QP：青浦区　　　SJ：松江区

JS：金山区　　　FX：奉贤区　　　CUA：中心城区（图2-1右图所示范围）

图2-3　上海市不同区域风环境和热环境指标空间变异性分析结果

注：图片为分析软件输出，仅显示有数据采集的区域的分析结果。
　　因本案例未采集崇明区数据，故分析软件中未显示崇明区。

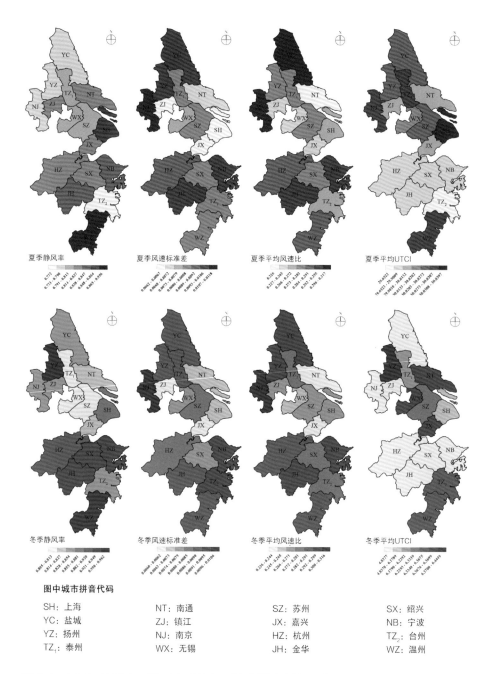

图2-4　上海市及江苏省、浙江省部分城市工人新村样本室外风、热环境指标机器学习预测结果
注：图片为分析软件输出，仅显示有数据采集的区域的分析结果。本案例中部分城市的部分区域
未采集数据，故分析软件中未显示这部分区域。

关于室外环境的空间差异，模拟显示，在夏季和冬季，上海不同区域的工人新村存在显著差异。夏季，中心城区的静风率明显高于郊区，而冬季时，中心城区和浦东新区的静风率也较高。这些差异表明上海市不同区域的工人新村在室外风环境方面存在空间异质性。

此外，多元统计分析揭示了工人新村建筑形态指标与其室外风热环境指标之间的关联性。结果表明，来流风速设置与静风率、风速标准偏差密切相关，地面粗糙度与静风率和风速标准偏差呈正相关，而面积、建筑体积密度、正面面积指数、地面粗糙度等因素也与风环境指标存在相关性。这些关联性揭示了形态学指标如何影响室外环境指标，并且说明了这种影响不是简单线性的。

最后，采用机器学习方法对江苏省、浙江省的工人新村进行了风环境和热环境指标的预测。结果表明，江苏省和浙江省的工人新村在通风能力和热舒适度方面存在差异，这些差异可能受到建筑形态的影响。

本案例研究发现，相较于线性回归模型，机器学习模型在探索建筑形态学指标和环境指标之间的关系方面表现出明显的优势，尤其在准确预测室外风环境性能方面表现出色。本案例采用经典机器学习模型建立住宅区建筑形态与其室外风环境之间的关系，这一方法具有广泛的适用性。将中国其他地区的住宅区数据纳入训练集，有望生成更具普遍适用性的预测模型。

在指标仿真模拟方面，相较于传统方法，机器学习也展现出了明显的优势。首先，经过训练的机器学习数据库简化了形态学指标和环境指标之间复杂机制的映射关系，提高了准确获得环境参数结果的可能性，而无需采用过于复杂的模型。其次，在保持准确性的前提下，机器学习能够大幅提高仿真速度（提高幅度可达几千甚至几万倍），在实际城市更新中，这使政策制定者能够迅速获取拟更新区域多种风、热环境参数的预测结果，从而更迅速、更有针对性地制定改造决策。在更大规模、更大尺度的城市更新决策中，相较于对单个工人新村进行环境数值模拟，应用机器学习的智能环境评估方法也有着更显著的优势。

了解本案例的完整研究内容，可参阅：

Zhang X Z, Yang L Q, Luo R Z, et al. Estimating the outdoor environment of workers' villages in East China using machine learning[J]. Building and Environment, 2022, 206: 109738.

2.4
本章小结

　　本章深入探讨了风环境智能设计的关键问题，包括城市设计中风环境的基本概念、风环境性能的评价方法，以及风环境智能设计研究的最新进展。通过文献综述，本章揭示了国内外城市风环境智能设计研究领域的进展，为理解当前的研究趋势和挑战奠定了基础；对城市风环境的评价指标及其计算方法的讨论，强调了准确评估风环境性能的重要性，展示了实测方法、风洞实验、数值天气预报模型、计算流体力学模拟、统计学方法和机器学习相结合等多种方法在风环境评价应用中的特点与优劣。

　　随后，本章着重介绍了风环境指标智能预测方法，并强调了机器学习提高计算效率、减少专业知识依赖的优势，以及在设计早期阶段的应用潜力。通过结合机器学习与 CFD 模拟，本章展示了一系列创新的智能评估方法，如指标预测、流场重建、湍流建模和多尺度数据同化，这些方法能够显著改进城市风环境性能指标的计算方法和应用效率，为城市规划和建筑设计提供更全面和智能化的支持。

案例研究部分，通过具体实例——中国华东地区工人新村室外风环境评价研究，进一步具体说明了智能方法在实际城市风环境改善项目中的应用价值。该应用实例不仅证明了智能评估方法在理解和优化复杂城市风环境中的有效性，也为未来类似的城市更新项目提供了有力的策略和指导。

3

设计中的
光环境智能

3.1
建筑设计中的
光环境概述

建筑光环境是指建筑内外的光照条件及其分布，包括自然光的强度、方向、分布以及人工照明的设计等。光环境在建筑设计中扮演着至关重要的角色，因为它直接关系到居住者的视觉舒适性。通过合理的光照布局和控制，我们可以创造出良好的室内外视觉环境，提供更加舒适和愉悦的视觉体验。这不仅有助于减轻眼睛的疲劳，还可以改善室内外空间的氛围和品质，使人们更喜欢在其中生活和工作。

光环境也与能源效益密切相关。在建筑设计中，合理的自然采光和光照控制可以显著减少照明和空调系统的能源消耗，从而提高建筑的能源效率。这不仅有助于减少建筑的能源成本，还有助于减少对外部能源供给的依赖，实现可持续建筑设计的目标。

此外，光环境与人的身心健康、生活质量、建筑美学和空间体验密切相关。充足的自然光对于改善居住者的生活条件和健康至关重要。通过巧妙的光线设计，可以提升建筑的美感，增强其视觉吸引力，以及创造独特的空间体验。因此，在建筑设计中，综合考虑光环境对于创造宜居、美观且令人愉悦的建筑空间至关重要。

许多先前的研究已经证实了利用自然采光的益处和优势，包括节能、改善健康和节约成本[35-43]。有研究表明，充分利用日光可极大地提高建筑节能率[35]。此外，合理的采光还可以提高生产力和销售额[35,36]。美国卡内基梅隆大学建筑学院建筑性能与诊断中心（Center for Building Performance and Diagnostics）的研究发现，更好的照明环境可以提高 0.7% ~ 23% 的生产率，并增加 40% 的销售额[35]。增强自然采光也是可持续建筑设计的基本策略之一[37]。哈尔滨工业大学孙澄、韩昀松团队提出了一种以居住者为中心的建筑自适应立面，引入卷积神经网络构建模型来识别用户行为，若识别到用户因眩光或不适宜的温度而产生不适，自适应立面单元和暖通空调系统能据此进行动态调整[44]。厦门大学石峰团队探索了可变建筑表皮在建筑节能及室内环境调节方面的能力，设计了可变遮阳、智能通风、电动窗帘三种方式，有效改善室内采光、调节换气次数[45]。

3.2
建筑光环境评价

建筑光环境评价是建筑设计和环境工程中的一个关键领域，它涉及评估自然光和人造光对建筑内部空间光环境质量的影响。本节将介绍用于评价建筑光环境的各种指标及其计算方法。

3.2.1　建筑光环境的评价指标

为了全面评估建筑的光环境质量，需要考虑的指标包括照度、采光系数、照度均匀度、日光自足度、实用日光照度、日光眩光概率、眩光自足度、日照小时数和年辐照度等。这些指标从不同的角度反映了建筑内部光环境的状况，如光线的强度、分布、持续时间以及对居住者视觉舒适度的影响。通过对这些指标的综合评价，设计师和工程师可以更好地理解光在建筑环境中的作用并优化相关设计，以达到最佳的光环境效果。

照度（Illuminance）

照度是一个基本的光环境指标，衡量了特定区域或表面所接收到的光能量，通常以勒克斯（lux 或 lx）为单位。在建筑设计中，照度用于确定室内和室外区域的光照强度，以判定建筑能否满足特定的照明需求，如工作、阅读或休息。

采光系数（Daylight Factor）

采光系数也称日光系数，是一个用于评估自然光在室内的分布和照明效果的指标。它表示某一室内点的水平照度与室外照度之比，通常以百分比表示。采光系数越高，表示自然采光效果越好，意味着室内人工照明需求的降低，即提高采光系数有利于提高建筑的能源效率。

照度均匀度（Uniformity of Illuminance）

照度均匀度衡量了室内区域光照分布的均匀性。它通过比较最小照度和最大照度之间的差异来确定。较高的照度均匀度有助于确保室内没有明显的阴影或光线不足区域，以提高视觉舒适性和工作效率。

日光自足度（Daylight Autonomy）

日光自足度表示在一年中特定时间段内，自然采光满足室内照明需求的时间所占的百分比。这个指标有助于评估建筑在不同季节和时间段的自然采光性能。较高的日光自足度表示建筑在更多时间内可以依赖自然光进行室内照明。

实用日光照度（Useful Daylight Illuminance）

实用日光照度是指特定的日光照度下，室内光照实际达到的水平。它帮助确定日光是否足够满足特定的照明需求，例如工作或学习所需的照明。

日光眩光概率（Daylight Glare Probability）

日光眩光概率衡量了在特定条件下发生眩光的可能性。这个指标有助于避免室内眩光问题，提高视觉舒适度。设计师可以使用它来确定是否需要采取措施（如窗帘或遮阳设备）以减轻眩光。

眩光自足度（Glare Autonomy）

眩光自足度表示自然采光在不引发眩光的情况下可用于室内照明的时间比例。这个指标有助于优化采光设计，确保室内不会出现眩光问题，同时最大程度地利用自然光。

日照小时数（Daylight Hours）

日照小时数指的是建筑在白天接收到自然采光的持续时间。它可以用于评估自然光的可用性能否满足建筑的照明需求，以此指导建筑空间布局和窗户设计。

年辐照度（Annual Irradiance）

年辐照度表示建筑在一年内接收到的总辐射能量，包括可见光和其他波长的辐射。它用于评估建筑的能源效率和照明设施在长期使用中的表现。

3.2.2 建筑光环境指标的评估方法

评估建筑光环境指标的方法多种多样，如实测方法、光度学计算方法、光线追踪模拟方法和统计学方法等。实测方法提供了精确的光环境数据，但通常成本较高，操作复杂；光度学计算方法和光线追踪模拟方法能够在设计阶段提供预测评估，帮助优化设计决策；统计学方法则能够分析大量历史数据，为建筑光环境设计提供经验性指导。这些评估方法各有优势和局限，通过合理选择和应用，可以有效地评估和改善建筑的光环境性能。

实测方法

实测是一种关键的光环境评估方法，通过使用包括照度计、光度计、光强度计等专业设备测量和记录建筑内外的光照照度、亮度等光学参数，以便将真实世界的数据用于支持建筑设计和性能评估。它在照明设计、自然采光评估和建筑性能调查中广泛应用，有助于验证设计效果、发现问题、改进照明系统，确保光环境性能满足标准和用户需求。

优势： 能提供真实的数据，适用于各种建筑类型。

劣势： 受时间、天气和成本限制，可能需要耗费较多资源。

光度学计算方法

使用光度学原理，以光源、材质和照明系统为基础，计算建筑内部各个点的照度、光强度、光照均匀度等光学参数。它是光线追踪模拟的基础，并在照明工程设计、光学系统设计和照明评估等领域得到广泛应用。常用的光度学计算软件包括 AGi32、DIALux 等。

优势： 高度可控、精确，适用于照明和光学设计，应用范围广泛。

劣势： 模型复杂，学习曲线较长，不适合所有复杂场景。

光线追踪模拟方法

光线模拟是一种基于光物理学原理的计算方法，通过使用光线追迹软件来计算建筑内部的光传播路径和光照分布，从而评估室内空间的光照强度、光照均匀度、阴影效果等。常应用于室内照明设计、自然采光设计、外立面设计、城市和建筑景观设计等场景。常用的光线追迹软件包括 Radiance、Daysim 等。

优势：不受时间和天气限制，可模拟多种设计方案，适用于多种场景。

劣势：准确性依赖于软件和参数的设置，可能需要专业技术支持。

统计学方法

通过数据调查、统计和分析，获取建筑在某一使用场景下的光照需求和光环境参数，结合人眼感知特性和舒适度指标，计算光照强度、光色等参数的适当值。常用的统计方法包括空间变异度分析、相关性分析、空间统计分析等。

优势：简便、快速，适用于一些简单的计算需求。

劣势：准确性受限于可用数据和分析方法，适用范围有限。

3.3
建筑光环境
智能研究

3.3.1 建筑光环境智能预测方法

建筑光环境的智能设计可以分为对静态系统和动态系统两大部分的设计。静态系统设计主要关注建筑的物理结构，如窗户、玻璃和围护结构的设计，以及这些元素对采光性能的贡献。这些设计决定了建筑在不同条件下光环境的基础性能，为实现高效的自然采光提供了物理基础。与之相对应的是动态系统，它涉及建筑运行阶段对环境变化的动态响应，通过运用各种调控方法，如智能遮阳、调光系统和自适应外表皮，实时调整建筑内的光环境，以适应外部环境的变化和室内需求。

尽管这两种系统为创造理想的建筑光环境提供了强大的工具和方法，但在实际应用中也面临着多重难点和挑战。首先，静态系统的设计需要在早期阶段进行，这要求设计师具有前瞻性思维，并能深入理解光环境对建筑性能的影响。此外，静态系统的优化往往需要综合考量建筑的美观、功能和能效，这些因素在设计过程中可能产生冲突。对于动态系统而言，挑战则在于开发高效、可靠的调控策略，这不仅需要精确的环境监测和数据分析能力，还要求系统具备高度的自适应性和灵活性。此外，动态系统的实施和维护成本较高，对于技术、资源和资金有一定的要求。更重要的是，现有的光环境模拟计算工具在处理复杂、动态的光环境问题时，仍面临准确性和效率的挑战。它们主要是基于物理原理的模拟计算模型，称为白盒模型。此类模型需要全面地输入参数，便可以提供准确的预测结果，并且与大多数建筑形式兼容。当前基于物理原理的光环境模拟算法主要是光线追踪模拟法，涉及大规模矩阵运算。尽管研究人员已经做出各种努力，通过算法简化和硬件加速来加速仿真，然而，建筑形式在修改和优化后，仿真模型也必然相应改变，因此基于此类模型进行仿真可能非常耗时，且计算成本高昂 [46]。

鉴于这些挑战，机器学习的应用成为了一个有前景的解决方案，通过智能预测和数据驱动的决策支持来优化建筑的光环境设计和管理成为可能。机器学习能够从大量历史和实时数据中学习，识别模式和趋势，从而提高对建筑光环境性能预测的准确性和效率。这不仅可以减少对专业知识的依赖，也能够在项目的早期设计阶段就提供支持，帮助设计师和规划师做出更加科学、合理的决策。通过整合机器学习技术，有望实现更高程度的建筑光环境自动化调控，以更好地适应环境变化，同时降低调控成本并提升用户体验。因此，探索机器学习在建筑光环境智能预测中的应用潜力，将是推动未来建筑设计和运维向更高水平发展的关键途径。

基于机器学习的代理模型称为黑盒模型，可以通过从数据中学习来描述输入参数和输出指标之间的非线性关系，其处理复杂非线性问题的能力，已经并将继续受到建筑设计界的广泛认可。机器学习算法可充当大量模拟的代理，通过从相关数据中学习来构建数学拟合模型，提取有用的信息，并根据新输入的数据作出准确、快速的预测。这种预测可以在不需要原始建筑信息或任何额外计算模拟的情况下实现[46]。

机器学习方法

近年来，一些研究已通过多种方式将机器学习应用于不同目的的建筑光环境预测。Ayoub 对在建筑日光预测中使用机器学习的情况进行了回顾，发现其中一半的研究使用了人工神经网络（ANN）模型，其余的涉及多元线性回归（MLR）、支持向量机（SVM）、决策树（DT）等模型[46]。Hu 和 Olbina 研究了如何运用 ANN 来实时自动控制百叶窗角度：首先让 ANN 模型学会根据天气数据预测建筑物内两个传感器点的照度值，然后用训练后的模型预测照度值，以计算百叶窗板条的最佳角度[47]。Lorenz 等人使用 ANN 模型来预测不同窗户尺寸和位置，以及有外部光线遮挡的条件下建筑内的日光自足度。在保证较高模拟精度的前提下，对于所有可能设计选项的模拟，使用 ANN 的整个处理时间比使用 Diva for Rhino 插件的模拟时间大幅减少 [48]。

深度学习方法

深度学习方法也被应用于建筑光环境预测，如卷积神经网络（CNN）可以帮助从一般几何形状中提取特征，并构建非线性模型来预测光环境性能指标，这些指标可以用于以性能为导向的架构设计的目标优化。生成对抗网络（GAN）是将生成模型与作为对手的判别模型一起进行训练，可以应用于生成描述日光空间分布的可视化结果等，为设计师提供直观的反馈并帮助改进设计 [49]。例如，He 等人开发了一个基于 CNN 和 GAN 的深度学习替代模型，对室内光环境进行预测。[50]

3.3.2　案例：动态建筑表皮技术的室内遮阳性能优化研究

研究背景

建筑室内光环境的智能调控一直是建筑领域的焦点之一。在此背景下，动态遮阳技术被广泛认可为一种实用方法，可用于为幕墙建筑隔离太阳辐射，以创造更多的室内阴影，从而降低建筑内暖通空调系统的能耗。然而，由于动态遮阳技术的设计复杂性，对其室内遮阳情况进行评估较为耗时，在建筑设计的早期阶段难以充分应用并及时有效地修改设计参数。可解释性机器学习算法能够对数据集中各项特征的重要性程度进行分析，为解决上述问题提供了可能。

目标与思路

本案例的主要研究目标，是探索如何通过智能算法，优化建筑动态表皮控制策略，在提高用户光环境舒适度的同时降低建筑能耗。案例首先运用参数化设计方法，建立了四种不同形态的动态建筑表皮模型，并对每种表皮模型的建筑室内光环境性能指标、能源使用强度指标进行模拟。随后运用可解释的机器学习技术，分析不同的动态表皮设计参数对建筑室内光环境性能指标的影响程度，并基于机器学习分析结果，提出四种动态表皮模型的优化控制策略。最后，案例训练了一个模型，用于优化动态表皮在一天中不同时间段的旋转角度，以最小化目标房间的能源使用强度和日光眩光概率，实现了可解释性机器学习分析结果的进一步应用。（图 3-1）

方法与数据

根据动态表皮的设计特点，以办公房间为使用场景，在 Rhino/Grasshopper 平台上构建四个参数化的动态表皮参数化模型（参数包括动态表皮的单位长度、单位宽度、可动单元参数、图案形状等），用于后续计算。

案例选择可沿轴线旋转的开闭型动态表皮构建参数化模型。四种不同表皮原型按形状分为矩形、三角形、圆形，以及三角形与六边形的组合。首先建立典型的参数化建筑房间模型：设置适当的长、宽、高范围，然后将目标图像划分为网格，每个网格的大小与动态表皮的单位大小（宽度和高度）相等。最后在每个网格中放置四种不同形状类型的动态表皮单元，形成办公房间动态表皮的设计方案。房间内部设计及四种动态表皮原型方案如图3-2所示。

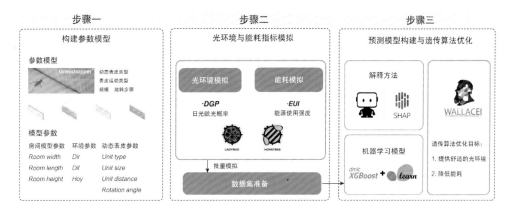

图3-1 建筑光环境指标智能预测工作流

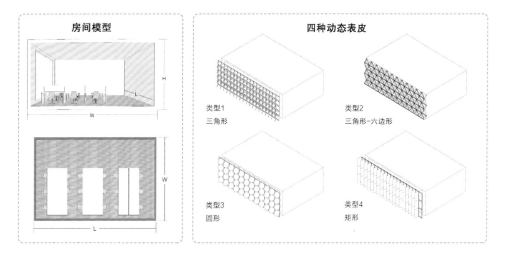

图3-2 四类参数化动态表皮模型及办公房间模型设计

在指标模拟阶段，使用 Grasshopper 的 Honeybee、Ladybug 和 Energyplus 插件，对每个模型进行光环境性能与能耗指标模拟，包括照度（illuminance）、日光眩光概率（DGP）和能源使用强度（Energy Use Intensity，EUI）。为了获得更详细的照度模拟细节，将每个房间模型的平面划分为50×50的网格区域，共2500个网格，同时相机点位于靠窗位置的中点。

在数据分析阶段，采用极限梯度提升（Extreme Gradient Boosting，XGBoost）机器学习算法来探究四个动态表皮模型参数（表皮的单位长度、单位宽度、可动单元参数、不同图案等变量）与上述3个环境性能指标之间的非线性关系。XGBoost 是一个优化的分布式梯度增强库，旨在提供高效、灵活和可移植的机器学习算法。XGBoost 的并行提升树算法能够快速准确地解决许多数据科学问题。本案例将上述模拟结果的输出数据批量生成训练数据集，通过 Python 平台上的 Scikit-learn 机器学习库，对四种采用 XGBoost 进行 boosting 运算的集成模型进行训练，并使用决定系数 R^2 和均方误差 MSE 来评估模型性能，再通过模型比较和超参数优化，确定最优的模型，用以解释不同动态表皮设计参数对室内光环境性能和能耗指标的贡献程度。

最后，案例使用元启发式智能算法——遗传算法来集成训练机器学习模型，以优化四种动态表皮原型的光环境指标和能耗性能。优化通过 Grasshopper 的 Wallacei X 插件来实现，设计变量是各个时间步的表皮运行参数。利用预测模型和优化方法，本案例为四种动态表皮建立了相对应

的年度控制策略，即可基于全年的光环境数据，对四个动态表皮模型的实时
光环境性能指标（如照度、DGP 和 EUI）进行比较。

研究结果

本案例研究结果的可视化成果见图 3-3。图中详细展示了一年中
某个典型时刻四种不同类型的动态表皮模型的室内光环境性能表现。
从照度指标来看，类型 2 和类型 3 的表皮可以使房间内的光分布更加
均匀，并且在窗户区域的遮阳效果更为明显。而在 DGP 指标方面，四
种表皮模型通过不同程度的开合角度变化，均可以显著减少不舒适的
眩光，其中类型 2 动态表皮的防眩光效果最好。

可解释性分析的结果显示，表皮旋转角度是影响 DGP 值最为关键的
因素，从而验证了动态表皮技术确有改善室内光环境舒适度的效果。对于
EUI 指标，它受房间大小的影响更显著，但动态表皮的旋转角度也可以被
视为降低 EUI 的重要因素。

为了优化动态表皮的室内光环境性能，本案例采用 Wallacei 插件生
成参数组合，并将训练的机器学习模型导入 Grasshopper Python 进行
光环境性能评估。通过输入优化后的动态表皮形态学指标和天气数据，这
些模型能够迅速生成不同表皮参数组合下室内 DGP 与 EUI 的预测值。
结果显示，不同类型的动态表皮模型在降低 EUI 和 DGP 方面表现出不
同的性能。最终，通过对四类动态表皮的控制策略分别进行优化，成功将
EUI 最高降低了 13.5%，DGP 最高降低了 51.7%（图 3-4）。

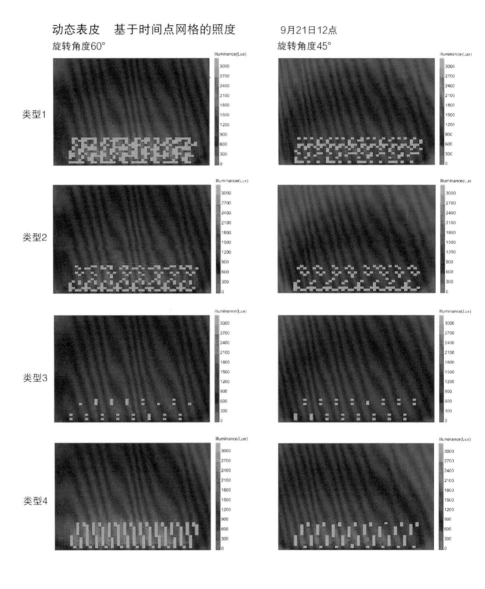

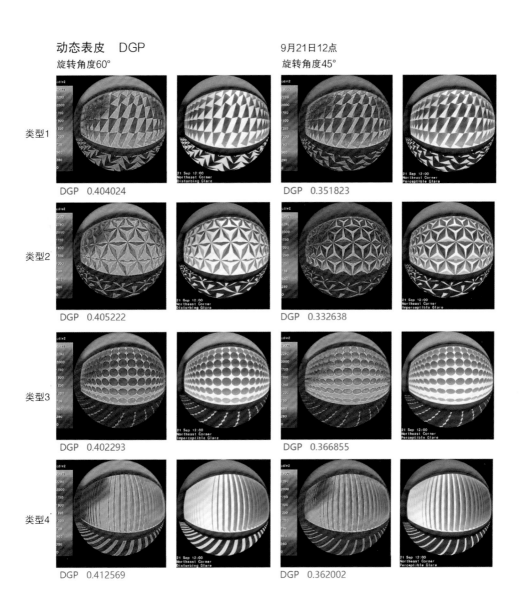

图 3-3　四类动态表皮在不同旋转角度下的光环境指标模拟结果
左图: 室内照度模拟结果　　右图: DGP 模拟结果

Wallacei 选择优化

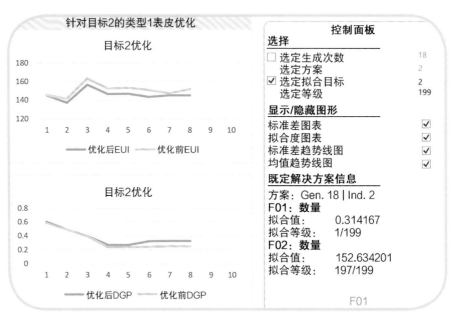

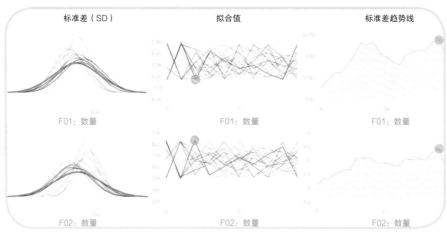

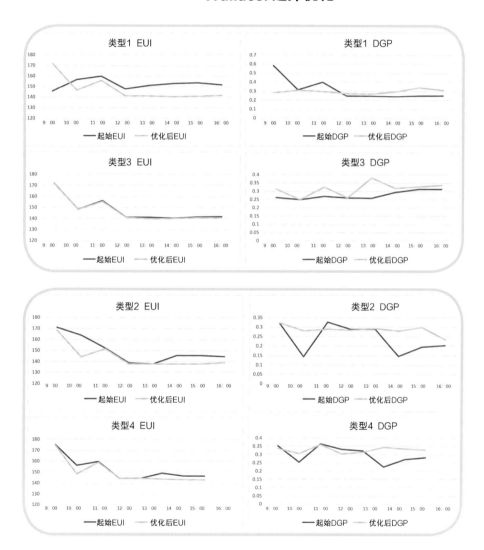

图 3-4　动态表皮优化控制策略设置及优化结果
左图：以类型 1 表皮为例的控制策略及优化结果
右图：四种类型动态表皮的控制优化结果

结论与讨论

本案例使用 Rhino/Grasshopper 平台建立了四类动态表皮原型的参数化模型，并使用 Honeybee 和 Ladybug 等模拟软件评估了模型在照度、日光眩光概率以及能源使用强度等光环境性能、能源消耗指标上的表现。为了获得大量数据样本，案例使用参数化模型控制的方式生成了大量样本，并进行批量模拟。在数据分析方面，采用了基于 XGBoost 机器学习回归算法的可解释性分析。通过这些方法，案例挖掘了不同动态表皮参数对室内光环境指标的贡献情况，并展示了如何利用机器学习模型来辅助实现建筑室内光环境性能的智能控制，体现了机器学习在环境性能预测和优化方面的潜力。

本案例同时表明，与传统的计算模拟方法相比，机器学习模型不仅能够提供更准确的预测结果，而且能显著提高建筑系统的运行性能，可为城市规划和建设提供更智能的支持。在未来的研究中，这种方法可广泛应用于光照及气候条件多样的其他地区，增加更多的设计参数，进一步提高模型的精确性和适用性，为不同地区的动态建筑表皮生成全年的最优控制策略。此外，本案例将动态表皮的各个设计参数与室内光环境的性能表现进行解耦，使设计师在设计前期进行环境性能驱动的动态表皮设计时能更为高效，更有据可依。

了解本案例的完整研究内容，可参阅：

Li Y, Huang C Y, Yao J W. Optimising the Control Strategies for Performance-Driven Dynamic Building Facades Using Machine Learning[C]//CAADRIA. HUMAN-CENTRIC: Proceedings of the 28th International Conference of the Association for Computer-Aided Architectural Design Research in Asia (CAADRIA) 2023, Volume 1. Hong Kong, 2023: 199-208[2023-08-09]. DOI:10.52842/conf.caadria.2023.1.199

3.4
本章小结

　　本章深入探讨了光环境智能设计的关键问题，涵盖从建筑设计中光环境的基本概述到建筑光环境评价的关键方面，以及智能预测方法在实际应用中的创新案例。文献综述表明，建筑光环境的优化不仅关乎提升居住和工作空间的舒适度，而且对于降低能源消耗、提高人的健康水平和生产力具有重要意义。本章详细介绍了描述建筑光环境性能的各种指标及其评估方法，包括实测方法、光度学计算、光线追踪模拟以及统计学方法，展示了全面评估建筑光环境质量的必要性和方法的多样性。

　　随后，本章着重介绍了建筑光环境智能预测方法，着重论述了机器学习技术在提高建筑光环境性能预测准确性和效率方面的潜力。本章的案例研究展示了如何利用机器学习方法优化动态建筑表皮技术的室内遮阳性能，从而有效减少能源消耗并提升室内光环境质量。这一部分不仅证明了智能预测方法在解决设计复杂性和提升计算效率方面的优势，也展现了其在早期设计阶段对决策支持的实际应用价值。

综上所述，本章通过系统性的分析和案例研究，揭示了环境性能驱动的智能设计在现代建筑光环境性能优化中的重要性和应用前景。机器学习和其他智能技术的应用，为应对建筑光环境设计和评估中的挑战提供了新的途径，有望推动建筑设计和运维向更高效、更可持续的方向发展。

4

设计中的
热环境智能

4.1
设计中的
热环境智能

在城市设计中，热环境是指城市内部和周围环境中的温度和热度分布。城市热环境直接关系到人类的生活和健康。城市的室外空间是人们生产生活和休闲娱乐的重要场所，室外热环境的恶化不仅会影响到室内热环境和建筑能耗，还会对人们在室外空间中的舒适感和身心健康产生不利影响。随着人们生活水平的提高，如何营造健康、舒适的室外热环境成为建设可持续发展社会的重要问题。

当前关于热环境舒适性的理论和研究大多都集中在室内热环境，室外热环境舒适性的研究仍处于起步阶段[51]，不过已有一些学者从定义、分类方法、指标和影响因素等方面对室外热舒适性进行了研究。在定义方面，霍佩（Peter Höppe）从心理、生理和能量三个层面定义了室外热舒适性[52]，而尼科洛普鲁（Marialena Nikolopoulou）和史蒂默斯（Koen Steemers）则从心理学、生理学和物理学三个层面评估室外热舒适性[23]。在分类方面，Reiter 提出了室外热舒适性的六个评价指标，包括室外温度、气流速度、平均辐射温度和相对湿度四个外界环境参数，以及活动和衣着量两个自身生理参数[53]。此外，还有一些常用的室外热舒适性评价指标，比如"主观温度"（Tsub）、"通用热气候指数"（UTCI）[54] 和"通用有效温度"（ETU）等。研究表明，温度是影响室外热舒适性的重要因素，但不同地区的主要影响因素可能有所不同。西安建筑科技大学刘加平、杨柳团队提出了夏热冬冷地区人体热舒适气候适应模型[55]。上海交通大学连之伟、赖达祎团队利用中国热舒适数据库，评价了预测平均感觉值模型（Predicted Mean Vote，PMV）及其几个修正模型的准确性，发现 PMV 和修正后的模型在热中性条件下是可靠的，但在较冷时准确性下降[56]。Stathopoulos 等人以加拿大蒙特利尔为研究对象，发现温度是影响热舒适性最重要的因素，其次是风速、太阳辐射和相对湿度[57]。哈尔滨工业大学金虹团队基于树模型，对严寒地区城市开放空间形态要素与气温开展了关联性研究[58]。香港大学黄健翔团队开发了新颖的模拟模型，用以评估街道规模城市绿化的冷却性能，提出绿化应与其他策略相结合以增强降温效果[59]。同济大学石邢团队综述了城市风、热环境的多尺度建模、评估与改善方法，指出风、热环境影响因素之间的依赖关系需进一步明确[60]。武汉大学詹庆明团队量化了绿地空间格局对地表温度的影响，揭示了其对不同类型城市的影响的差异，拓展了对减缓城市热岛原理的认识[61]。

4.2
城市热环境评价

城市热环境评价是理解和改善城市气候条件的关键步骤，它直接关系到城市规划、建筑设计以及居民的舒适度和健康。随着城市化进程的加速，热岛效应和热舒适度问题日益凸显，必须采用科学的方法对城市的热环境进行准确评价和有效管理。本节将介绍城市热环境评价的基本概念和方法。

4.2.1   城市热环境的评价指标

当前，城市热环境的评价指标是衡量和分析城市热舒适度和热岛效应的基础。这些指标包括空气温度、黑球温度、平均辐射温度等，它们反映了城市环境中的热状况及其对人体感知的影响。通过系统地评估这些指标，我们能够更好地理解城市热环境的特性，为城市规划和设计提供科学依据。

空气温度（Air Temperature）

空气温度是城市热环境中的基本气象指标，通常以摄氏度（℃）或华氏度（°F）表示。它表示环境中的空气温度水平，对于评估热环境的热负荷和热舒适度非常重要。

黑球温度（Globe Temperature）

黑球温度是一种衡量太阳辐射的指标，通常使用黑球温度记录仪测量。它综合了环境温度和太阳辐射，用于评估在高温环境中人体感受到的热负荷。黑球温度通常比空气温度更能反映高温条件下的实际热环境情况。

平均辐射温度（Mean Radiant Temperature）

平均辐射温度是一个衡量太阳辐射对环境的影响的指标。它表示来自周围物体的辐射热量，包括太阳辐射和地表辐射。平均辐射温度对于城市热环境的评估和规划非常重要。

热岛效应（Heat Island Effect）

热岛效应是指城市某一地区相对于周围地区的气温升高现象。它通常由城市化和建筑活动导致，因为城市中的建筑物和道路可以吸收和储存更多的热量，导致城市内局部区域气温较高。在城市规划中评估热岛效应有助于改善城市气候。

热舒适度（Thermal Comfort）

热舒适度是一个用来描述人体在不同热环境下的感觉和适应能力的指标。它综合考虑了温度、湿度、风速、太阳辐射等因素，以评估人体在特定环境条件下的舒适度和热应激程度。在建筑设计中，热舒适度通常用于帮助确定工作场所、户外活动场所等不同空间的最佳环境条件。在研究和评估热舒适性时，常用的一些特定的指标如下：

等效温度（Equivalent Temperature，ET）   等效温度是一个综合指标，用于描述人体在不同热环境下的感觉温度。它考虑了空气温度、相对湿度和风速，以反映人体感受到的温度。

修正等效温度（Modified Equivalent Temperature，mET 或 ET*）   修正等效温度是等效温度的改进版本，它还考虑了太阳辐射、气压、辐射温度等因素，以更准确地估算人体在不同热环境下的感觉温度。

生理等效温度（Physiological Equivalent Temperature，PET*）   生理等效温度是基于人体生理响应的温度指标，它考虑了人体产生和散发的热量，以估算人体在不同热环境下的感觉温度。

感知温度（Perceived Temperature，PT）   感知温度是人体感受到的主观温度，通常由人们的感觉和体验决定，与实际温度有关，但也受到其他因素的影响，如心理状态和适应能力。

有效温度（Effective Temperature，ET） 温度计无法测量有效温度，它是通过实验确定的干球温度、湿度、辐射条件（MRT）和引起相同热感觉的空气运动的各种组合的指数。有效温度是相对湿度为50%的环境温度，在该环境中，人员会经历与所分析情况相同的损失量。

PMV-PPD（Predicted Mean Vote - Predicted Percentage of Dissatisfied） PMV（Predicted Mean Vote）表示人群对热环境的感觉，而PPD（Predicted Percentage of Dissatisfied）表示预测的不满意度。PMV-PPD模型结合了这两个指标，用于估算在特定环境条件下人群的平均感觉温度和不满意度。

热应激指数（Heat Stress Index） 热应激指数综合考虑了温度、相对湿度、风速和太阳辐射等因素，用于评估高温环境下人体的热应激程度。它通常用于工作场所安全和体育活动的规划。

4.2.2　城市热环境指标的评估方法

评估城市热环境指标的方法多种多样，包括实地测量、主观感受调查、遥感技术、红外热成像、数学模型和公式、计算机模拟以及统计学方法。这些方法从不同角度和尺度提供了对城市热环境的深入理解，可以帮助识别热环境问题并设计出有效的应对策略。从实地测量的直接观察到遥感技术的大尺度分析，再到计算机模拟的精确预测，每种方法都在城市热环境评价和管理中扮演着独特的角色。

实地测量

实地测量是通过使用传感器等仪器在现场获取环境参数指标值的方法。这种测量方法可以提供实时和精确的数据，用于评估当前的热环境条件。用于实地测量热环境状况的传感器包括温度计、湿度计、风速仪、红外热成像仪等。

主观感受调查

主观感受调查是通过直接询问人们对热环境的感觉和满意度来获取信息的方法。这种方法可用于了解个体的主观感受，例如他们是否感到舒适或不舒适，但需要考虑到受访者的个体差异。

遥感技术

遥感技术通常利用卫星或飞机等远距离传感器来获取地表信息。这些技术可以用于监测城市热岛效应、土地表面温度分布等，提供大范围的环境数据。

红外热成像

红外热成像技术使用红外传感器来捕获物体的表面温度分布，以生成热图像。这种技术可用于检测设备、建筑物或城市某一区域非常详细的热环境分布情况。

数学模型和公式

数学模型和公式是基于数学和热力学等学科原理的工具，用于计算热环境指标。这些模型利用环境参数（如空气温度、湿度，黑球温度等）的数学表达式来获得相关指标值。例如，PMV 和 PT 等模型使用特定的数学公式来计算热舒适度。

计算机模拟

利用计算机模拟方法，可以构建复杂的热环境模型，综合考虑多个环境因素，如温度、湿度、风速、太阳辐射等。这些模拟模型通常基于物理原理和数值方法来模拟和分析热环境指标，提供高度准确的数据和预测结果。

统计学方法

统计方法是通过对已有观测数据进行统计学分析和建模，来预测和评估城市热环境。该方法通过分析不同气象要素的相关性和统计分布规律，基于历史数据建立统计学模型，从而预测和评估未来的热环境情况。在热环境指标评估中，常用的统计学模型包括回归模型、ARIMA 模型等。

4.3
城市热环境
智能研究

4.3.1　城市热环境智能预测方法

　　当前，城市热环境评估面临着众多挑战。数据的复杂性和海量性使得传统评估方法难以高效处理和分析城市布局、建筑材料、绿化覆盖率以及人类活动等因素相互作用所产生的多样化数据。其次，城市热环境的动态变化性要求评估方法能够实时响应季节更替、天气条件变化和城市发展等因素的影响，并进行动态评估和预测。传统评估方法高度依赖专业化的知识，需要评估人员掌握气候学、建筑学、环境科学等多个学科的知识及相关技能，难以在非专业人员中广泛应用，机器学习和深度学习方法便成为解决这些挑战的有力工具，它们能够处理大量复杂的城市数据，提高评估的准确性和效率，并揭示城市热环境指标与城市形态、建筑材料选择以及人类活动之间的深层次联系，为城市规划和设计提供科学依据和决策支持。

此外，上述智能预测方法还能够为城市热环境管理提供实时、动态的解决方案，如帮助智能调控城市绿化、建筑遮阳和通风系统等，以适应不断变化的环境条件，从而有效缓解城市热岛效应，提升居民的热舒适度。

机器学习方法

利用机器学习算法，可以通过对大量的城市热环境数据进行训练和学习，建立模型来预测城市热环境的变化。例如使用支持向量机、随机森林（RF）、神经网络等算法来进行城市热岛效应的预测和分类。

目前，已有许多研究采用机器学习方法进行城市热环境、城市热岛的预测。例如，Yao 等人[62] 提出了一种集成了机器学习算法、具有高时空分辨率的时空融合模型，来评估地表城市热岛效应。Sekertekin 等人[63] 使用人工神经网络（ANN）技术，利用陆地卫星时间序列数据对干旱气候地区的昼夜地表温度进行建模。Wang 使用基于机器学习算法的温度空间降尺度方法，进行高分辨率城市热岛分析与预测[64]。Kafy 等人评估了孟加拉国库米拉市的土地利用变化，并利用 ANN-CA 算法模拟了夏季和冬季地表温度和城市热场方差指数的变化[65]。华中科技大学探索了中国武汉市土地利用的时空演化特征，并利用 ANN 算法讨论了土地利用与地表温度变化的关系[66]。

深度学习方法

随着计算能力的最新发展，深度神经网络（DNN）越来越受欢迎。DNN 是采用深层架构的神经网络，因此可以表示具有更高复杂性的函数[67]。例如，有学者使用 DNN 对时空城市热岛行为进行了分析和预测，并报告了令人满意的结果[68]。Jia Siqi 等人采用集成地理加权回归和 DNN 的混合模型来预测地表温度[69]。

4.3.2　案例：城市形态对上海城市热岛效应的影响研究

研究背景

研究已经证明，城市热岛对于城市居民的健康和生活质量产生了广泛而深远的影响。城市高温环境与许多健康问题密切相关，包括中暑、心血管疾病、呼吸系统疾病以及导致过早死亡风险的增加[70]。这些健康风险主要源于高温导致的热应激和空气污染状况的恶化。因此，解决城市热岛问题不仅是提高城市居民生活质量的必要条件，还对于降低城市人口的健康风险具有重要意义。

然而，目前一些关于城市热岛的重要领域仍然存在研究空白。首先，现有的研究主要集中在分析城市表面温度的时空分布特征，而对于城市的立体结构和三维形态考虑不足。特别是在处理具有高度属性的数据时，传统方法往往采用均质化处理，导致城市内部三维结构的关键信息丢失。其次，以往的研究更多关注单一城市元素，如建筑物或绿地，而忽视了这些元素之间的相互作用，这导致对城市内部非均质性信息的影响考虑不足。这些非均质性信息包括建筑物和植被的高度分布、空间布局以及它们对彼此的影响。缺乏对这些复杂相互关系的深入挖掘，可能导致对城市热岛机制的不完整理解。此外，研究尺度的选择一直是一个争议性的话题。不同尺度下，城市热岛效应的影响因素可能会有所不同，但如何选择最佳研究尺度以及如何分析多尺度效应仍然需要更多的研究[71]。最后，现有的城市热岛预测模型往往受到模型复杂性和数据不足的限制。新兴的机器学习算法为改进这些模型提供了新的机会，但尚未充分应用于城市热岛研究领域。

目标与思路

首先，本案例旨在通过运用机器学习方法，更深入和全面地理解城市热岛效应及其与城市地表形态之间的关系。为了实现这一目标，案例引入了一类创新性指标，即"立体城市肖像指标"，以更准确地描述城市的三维结构。这些指标考虑了城市内部建筑物和植被的高度和密度分布、空间布局以及它们之间的相互作用，从而避免了对高度数据作均质化处理而带来的问题。

其次，本案例旨在深入探讨城市地表形态与热岛效应之间的多尺度关系。研究将分析不同尺度下立体城市肖像指标对于热岛效应的影响，以确定最佳的研究尺度，并深入研究尺度耦合效应。这将有助于更全面地理解城市热岛效应在不同尺度下的表现和机制。

最后，本案例将采用不同的机器学习算法进行指标预测，并将其表现与传统线性回归方法进行比较，以验证基于智能算法的热岛效应预测模型在准确性和可解释性方面是否更具优势。

综上，本案例旨在为城市热岛效应的预测和管理提供新的方法和视角，推动城市气候研究领域的进一步发展。这将有助于城市规划者和政策制定者更好地理解和应对城市热岛效应，以提高城市环境质量、保障居民的身体健康。

方法与数据

研究方法方面，本案例采用了一系列精确的方法来探讨上海城市热岛效应与城市形态之间的关联。首先，案例选择了上海市作为研究区域（图 4-1），因为它代表了典型的大都市模型，且具有显著的亚热带季风气候特征。上海自 2010 年以来经历了快速的城市化，城市规模迅速扩张，截至 2022 年年底，其城市化率已高达 89.3%[1]，人口数量急剧增加，达到了特大城市的规模。这种城市快速发展和人

---

1   数据来源：https://news.cctv.com/2023/05/19/ARTI0AYSIeZl2Dq2YKQHTXTg230519.shtml

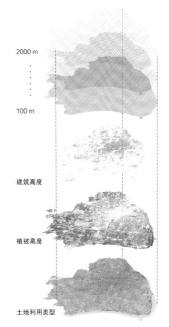

图 4-1　研究区域

口大量集聚的现象导致了城市内部土地利用和土地覆盖情况的剧烈变化，进一步导致了城市热岛效应的加剧。

　　数据采集方面，研究团队采集的关键地理数据包括地表温度（LST）、土地覆盖类型（LULC）以及城市的三维结构指标（即"立体城市肖像指标"）。LST 是研究城市热岛效应的核心数据，因此选择了 Google Earth Engine 平台来获取高分辨率的 LST 数据。这个平台利用 Landsat 系列卫星影像和史密斯 - 沃特曼（SMW）算法，提供了高质量的 LST 数据。此外，为了更详细地了解土地利用和土地覆盖情况，案例使用了 Landsat 8 OLI 卫星影像，并运用支持向量机算法进行监督分类，以获取 LULC 数据。为了提高分类的分辨率，还采用了 NNDiffuse Pan Sharpening 图像融合算法，将多光谱影像与全色影像融合，从而实现了 10 米分辨率的土地利用分类。

为了更全面地描述城市的三维结构，案例设计了四个立体城市肖像指标，包括高度变异系数（HC）、高度混合度（MD）、高度向心度（AD）和高度重心指数（HGD）（图 4-2）。每个指标均被用于分别描述建筑物和植被的情况，指标值根据全球植物冠层高度数据和中国建筑物

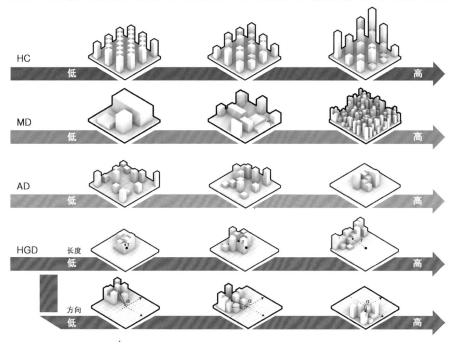

图 4-2 本研究考虑的建筑三维形态指标图示

高度数据计算获得。立体城市肖像指标不仅能够提供城市建筑和景观的三维信息，还能够反映它们之间的关联程度。

在数据处理和模型构建方面，研究团队将数据分为不同尺度的网格，然后运用多元线性回归、随机森林、梯度提升回归（GRB）和极限梯度提升四种不同的机器学习算法进行模型构建和拟合，以评估它们在回归性能方面的表现。对这些算法的选择取决于它们在不同数据集和问题上的适用性。为了评估模型性能，案例采用了五折交叉验证方法，将原始数据集分成五个子集，以更稳健地评估模型性能，使用均方根误差（MSE）和拟合度（R^2）等指标来衡量模型的拟合及预测准确性。

最后，在特征可解释性分析方面，案例利用SHAP（SHapley Additive exPlanations）方法，计算了每个城市形态特征对预测结果的影响程度，从而帮助理解模型的工作方式。通过SHAP的可视化工具，如Summary Plot、Dependence Plot和Individual Conditional Expectation Plot（ICE），对回归结果进行深入分析，挖掘不同尺度下每个特征对城市热岛效应的重要性，从而更深入地探讨城市热岛效应的规律。（图4-3）

上述研究方法的综合运用，旨在全面理解城市土地利用、地表建筑及植被形态特征与地表温度指标之间的关系，为城市规划和可持续发展提供重要的信息，有助于改善城市环境质量，减轻热岛效

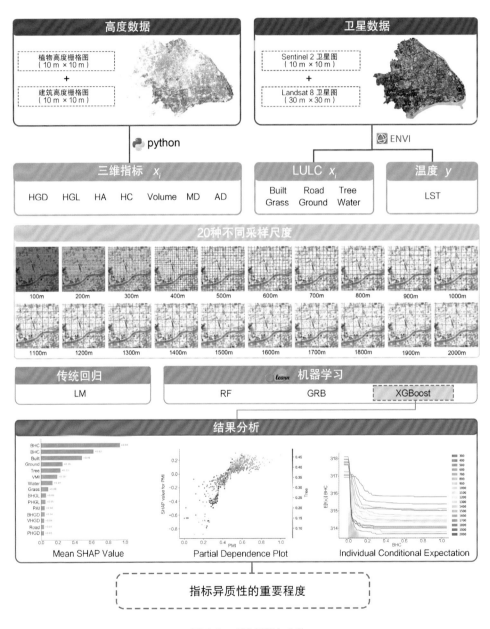

图 4-3 研究思路与方法

应对居民健康和生活质量的影响，并为未来的城市规划和气候适应提供有力的支持。

研究结果

以往研究发现，在回归分析中，高相关性的指标可能导致多重共线性问题，从而降低模型的准确性。为了解决这个问题，本案例首先进行了相关性分析，创建了斯皮尔曼系数相关性矩阵，展示了植被特征与降温效应之间的关系。通过观察不同尺度下相关性的变化趋势，确定模型中应该包含哪些指标，并排除 VIF 值大于 10 的指标，以提高回归模型的准确性和稳定性。

在删去具有多重共线性风险的指标后，使用不同的回归算法，在 20 种不同的尺度下，对两种不同的城市形态数据集（添加了城市三维结构特征指标的数据集，以及仅有城市平面形态特征指标的数据集）进行五折交叉验证。结果表明，划分网格的尺度介于 300 ~ 2000 米之间时，不同的回归算法对两种数据集均有较好的拟合效果。添加了城市三维结构特征指标的数据集相对于仅有城市平面形态特征指标的数据集，在不同算法的回归分析中均具有明显的优势，R^2 平均提升约 4.6%。另一方面，机器学习算法在拟合性能上也明显优于传统的线性回归方法，其中 XGBoost 算法表现最佳。

通过 SHAP 方法，案例分析了不同尺度下不同地表形态指标对 LST 的贡献值。分析结果发现，三维结构指标中的建筑高度变异系数（BHC）和植被高度变异系数（VHC）在不同采样半径下始终占有较高的贡献值，而其他指标的贡献值相对较低。这表明城市三维结构指标与城市热岛效应存在关联，考虑城市的三维结构特征能够在一定程度上提高对城市热岛效应的预测精度。

通过地理分布分析，研究观察到贡献度系数的正负划分主要发生在城市与郊区的交界处，随着采样半径的减小，这一划分在城市交界处更为精确。系数的绝对值大小代表该指标的模型敏感性，不同指标的模型敏感性随着采样半径的变化而发生明显变化。

最后，通过 SHAP Partial Dependence Plot（PDP）分析，研究发现了不同尺度下不同地表形态指标对 LST 的影响规律。例如，建成区面积（Built）的扩张对 LST 的影响在不同尺度下存在差异，树木（Tree）的分布方式对 LST 的降温效应也受到尺度的影响。

结论与讨论

本案例深入探讨了城市热岛效应，并运用机器学习技术分析了城市地表形态（包括土地利用类型，以及建筑物和植被布局）对地表温度的影响（图 4-4）。首先，研究观察到建筑高度变异性的提升能够降低地表温度，但这一关系并非完全线性。具体来说，当采样半径为

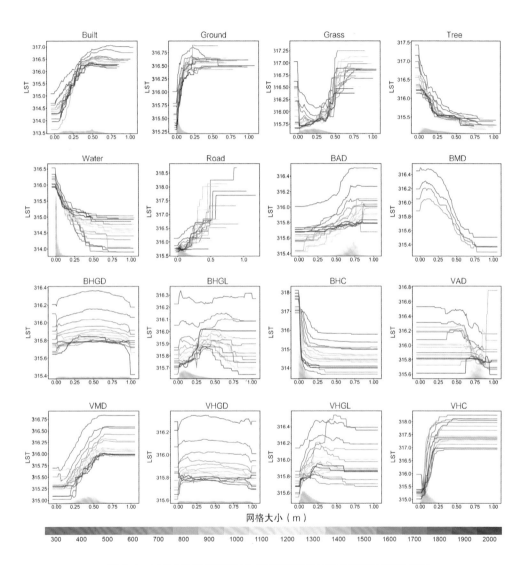

图 4-4　城市土地利用类型以及三维形态指标与地表温度的非线性关系

300 米、BHC 达到 0.2 左右时，降温效应趋于饱和，这可能是由于在一定范围内，增加建筑高度差异有助于峡谷效应的形成，进而促进热量的分散。这一发现为城市规划者提供了有益的信息，强调了适度增加建筑高度差异以减缓热岛效应的可行性。

此外，本研究案例发现，生态空间三维特征（如树木冠层高度差异和空间分布）对于降低地表温度有显著影响，且这种影响与二维景观格局指数不同。植被降温的主要机制是蒸腾作用和阴影效应。一般情况下，具有较大冠层面积的植物通常具有更强的降温能力。然而，密集且高度一致的树林可能因为空气流通不畅而导致降温效果不佳。因此，保持植被空间的高度差异能最大限度地发挥其降温潜力。相比之下，在城市中心区等植被稀疏的区域，较小的植被高度变异系数（VHC）和形态更完整的城市绿地有助于发挥其有限的冷岛效应。在树木面积占比大于 50% 的区域，高度和密度变化较大的植被降温效果较好。这表明，在大型公园和绿地中，分散的、高低错落的绿色空间更能有效降温，这可能与植被间的通风通道和充分的阳光利用有关。相比之下，对于植被较稀疏的区域，有限的绿色空间应集中规划，以发挥最大的降温效果。

最后，本案例强调了研究尺度的现实意义。与以往试图找到"最优尺度"的研究不同，本案例的研究结果表明，不同尺度下各三维形态指标的贡献不同，城市形态与热岛效应的关系复杂，并且各指标之间存在交互作用。随着研究采样半径的增加，模型的拟合效果提高，但与实际规划设计的相关性下降。因此，在城市规划中选择适当的采样半径，对于平衡评估结果的准确性和实际应用的可行性至关重要。

总的来说，这项研究不仅为理解城市热岛效应提供了新的视角，还展现了机器学习在城市气候研究中的应用潜力。在本案例中，首先，机器学习为复杂的城市热岛效应研究提供了强大的数据分析工具，能够高效地处理传统的统计方法难以处理的大规模多维数据，如城市形态和气象数据等，从而揭示了城市热岛效应的复杂性和多样性。其次，机器学习能够帮助发掘城市形态特征和植被布局与地表温度之间的非线性关系，为城市规划者提供更准确的建议。

4.4
本章小结

本章深入探讨了热环境智能设计中的相关问题，包括城市设计中的热环境概述、城市热环境性能的评价指标与方法，以及智能方法在城市热环境指标预测中的应用。虽然室内热环境舒适性已经得到广泛研究，但相较之下，室外热环境舒适性的研究仍处于起步阶段，而已经有学者开始从不同角度探讨室外热舒适性，为城市规划和设计提供新的理论和方法。城市热环境的评价通过一系列指标，如空气温度、黑球温度等，来反映城市环境的热状况及其对人体的影响。

评估城市热环境性能的传统方法多种多样，包括实地测量、遥感技术等，但面对当下新的挑战，如数据的复杂性、环境的动态变化、对专业知识的高度依赖、准确性与效率的平衡，以及评估方法的普适性不足等，机器学习和深度学习方法展现出强大的潜力。这些智能技术能够处理复杂的城市数据，提高评估的准确性和效率，同时揭示大量城市形态因素与热环境性能之间的深层联系，为城市规划和设计提供科学依据。本章的案例研究进一步证实了智能预测方法在城市热环境管理中的应用价值，展示了如何通过机器学习算法分析，探究包含三维结构特征在内的多种城市特征指标对城市地表温度的复杂影响，为城市规划、城市设计更科学、更全面地考虑城市平面与立体形态特征、植被布局特征等因素提供科学依据，以改善城市空间的热舒适度。本章对城市热环境智能设计的综合介绍，也为未来城市热环境评估和管理的科学化、智能化方向提供了重要的思路和方法。

5

环境性能驱动的
智能生成式设计

近年来，环境性能驱动的智能生成式设计（Environmental Performance-Driven Intelligent Generative Design）作为环境智能设计的一种前沿方法，已经引起了学界和业界的广泛关注。这种设计方法结合了先进的计算技术、人工智能，以及对环境性能的深入理解，旨在创造出既美观又能够响应其所处环境的建筑和城市空间。通过整合数据驱动和性能驱动的方法，它允许设计人员在设计的早期阶段开展环境性能评估，从而确保设计方案不仅在视觉上具有吸引力，而且在能效、舒适度和可持续性方面达到最优。这种方法代表了建筑和城市领域的一个重要转变，即从传统的以形式和功能为导向的设计向以性能为导向的设计转变。

本章将深入探讨环境性能驱动的智能生成式设计，这是一种集成了最新科技、创新理念和可持续发展目标的前沿设计方法。本章将通过三个不同的研究案例，展现环境性能驱动的智能生成式设计如何克服传统设计方法的局限，通过融合先进的技术手段和创新的设计思维，解决复杂的设计挑战，推动建筑设计和城市规划向更加智能、可持续的方向发展。

"数据与性能驱动的城市空间生成方法"介绍了如何通过数据和性能指标引导城市空间的智能生成。该设计方法相对于传统参数化设计而言，是一个重要进步。

"基于多目标优化的城市空间生成方法"主要用于解决城市设计过程中同时考虑多个环境性能目标的复杂问题。在设计实践中经常出现多个环境目标相互冲突的情况，这要求设计者在不同目标之间进行权衡，传统设计方法与工具由于计算能力有限，往往难免"顾此失彼"。多目标优化智能算法为解决这类困境提供了可能。

"基于自组织优化的城市空间生成方法"介绍了如何在设计规模和复杂度增加时应对寻找最优解的挑战。随着设计范围的扩大和解空间[1]的增加，寻找能够满足所有设计约束和性能要求的最优解变得越来越困难。通过基于自组织智能算法的设计方法，可以在庞大的设计解空间中高效寻找最优解。

1　可行的设计方案被称为"解"，"解空间"为所有可行设计方案的总和。

5.1
数据与性能驱动的
城市空间生成方法

20 世纪的重要建筑学理论"文脉主义"（Contextualism）强调建筑设计应考虑到其所处的环境、历史、文化和社会背景。文脉主义不仅仅关注建筑物本身的美学和功能，还重视建筑与其周围环境的和谐共存和互动。城市中的建筑既作为分析主体，又作为环境客体。建筑群本身成为了建筑环境，为此，如何以"建筑"驱动"建筑"生成，成为一个议题。

理解建筑环境并生成新方案并非易事，一些学者从不同角度对此进行了探索。例如，东南大学李飚团队的"赋值际村"研究，通过多智能体进化模型实现了复杂问题最优组合的搜寻 [72]；同济大学的孙澄宇将分层参数优化系统应用于地区规划，并实现了设计方案的自动生成 [73]；小库科技（Xkool tech）利用大数据技术对场地价值进行量化，并设计了能够生成更好解决方案的算法模型[74]。然而，以上研究均是针对单一形态的生成式设计，多种建筑形态的大批量自动生成目前仍较难实现。当前，一些学者正对此展开探索，如同济大学袁烽团队建造了多种机械扭转变形的建筑原型，并结合小型风洞实现了基于环境性能的群体建筑形态生成[75]。清华大学徐卫国团队在绿色建筑设计中引入了遗传算法的应用，认为数字技术控制下的绿色生态建筑设计优化是未来建筑设计领域的主流趋势之一[76]。南京大学吉国华团队开发了面向建筑性能优化及设计探索的插件EvoMass，形成了面向"人机协同的设计综合"的新方法[77]。天津大学杨崴团队提出了"生命周期环境影响与成本目标"下的建筑设计优化方法[78]。深圳大学袁磊团队通过两阶段型的工作框架，将环境性能优化的目标和数据在区域规划与城市设计这两个相邻层次间实现传递，使用多目标进化算法（Multiple Objective Evolutionary Algorithm，MOEA）驱动多目标寻优过程[79]。华南理工大学孙一民团队定义了计算设计探索（Computational Design Exploration，CDE）方法来重新表述优化问题，引入了可变的初始优化问题和计算设计探索模块，并在涉及多学科目标和复杂几何形状的概念性体育建筑设计中对其进行应用[80]。

上述生成设计研究大多基于参数化方法开展。目前，基于参数化的生成设计面临的问题主要是形状多样性有限，且依赖于预先定义的形状语法，这限制了设计的创新性和适应性。此外，参数化设计往往依赖详细的前期数据和复杂的规则设置，这增加了设计过程的复杂性和时间成本。因此，寻求能够提供更高多样性和更优性能整合的新设计方法变得尤为重要。

数据驱动方法，如使用生成对抗网络（GAN），能够通过分析大量的设计数据来发现新的设计模式和可能性，从而提高设计的创新性和适应性。已有研究案例包括清华大学黄蔚欣副教授与香港城市大学郑豪助理教授使用 GAN 进行住宅平面生成，引领了生成对抗网络在建筑领域的应用热潮[81]；华南理工大学刘宇波、邓巧明团队使用 GAN 开展了校园建筑群的高效生成设计研究[82]；天津大学闫凤英团队基于 GAN 提出了一种"提取—翻译—机器学习—评估"的实验框架，来辅助住宅场地规划布局的生成设计[83]，等等。该方法在解决日益复杂且多变的城市规划问题上，提供了一种深具潜力的方法论。

数据驱动的生成设计方法虽然能够提供巨大的设计多样性和创新性，但也存在一些问题。首先，生成的设计仅在形式上对实际环境性能进行了考虑，但缺乏有效的边界条件约束，难以综合考虑如能效、光照和通风等方面的要求，这限制了设计的实用性。其次，数据驱动方法往往需要大量的训练数据，数据收集和处理成本高。此外，生成的设计方案可能在美学和功能上不完全符合特定项目的需求。因此，结合数据驱动和性能驱动的方法，还须在保持设计创新和多样性的同时，确保设计方案满足环境性能和实用性要求，提供更全面和可行的设计解决方案。

本节介绍了一个数据驱动和环境性能驱动相结合的城市空间生成方

法。数据驱动部分通过使用 GAN 来生成建筑方案，这一过程需要收集大量数据来学习目标场地与周边环境的关系，进而生成大量"图—底关系图"形式的方案。性能驱动部分则侧重于将这些生成的方案根据太阳辐射等环境性能目标进行优化，以寻找在实施可行性和环境适应性上最优的建筑体量。这一方法旨在解决传统参数化设计中形状多样性有限的问题，并通过结合数据驱动生成内容的多样性与性能驱动设计的现实约束，来提升设计的实用性和效率。

5.1.1   技术路线

研究流程包括数据收集、数据处理、GAN 训练、建筑布局生成、控制指标和环境约束条件设置等步骤（图 5-1）。研究区域选在上海市，首先对上海的土地和建筑数据进行收集，并将该数据作为训练集，以训练 pix2pix-GAN 预测模型，GAN 模型能够学习并理解城市规划的复杂性。随后，导入训练好的 pix2pix-GAN 模型并对选定地块展开预测。预测结果输出后，将其导入 Rhino 平台并利用 Octopus 工具生成建筑布局。生成建筑布局是技术路线的重点。

随后，使用 Ladybug 插件对生成的设计方案进行环境模拟，将日照时间作为重要的环境评价指标。引入控制指标和城市环境约束，以确保生成的建筑布局满足相关规划和环境要求。这一步骤通过应用遗传算

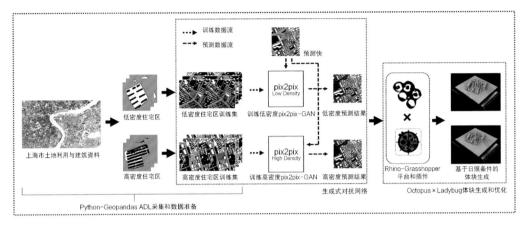

图 5-1　研究流程

法，考虑了多个因素，包括建筑密度、容积率、高度等，这些都是城市规划中必不可少的基本关键指标。因此，本方法综合了生成对抗网络和遗传算法的性能优点。另外，由于前期设置了控制指标与光环境约束，经本方法得到的建筑体量是相应限制条件下的最优解。

5.1.2　研究方法

数据准备是本研究的关键步骤，为实现 pix2pix-GAN 模型的预测训练提供了必要的基础。这一阶段的主要任务是搜集大量土地和建筑的数据，以确保有充分、多样的信息用于模型的训练。通过使用 Python 开发包中的 Geopandas 工具，对城市地理信息数据进行精确的切割和处理，以构建不同指标的数据集，包括建筑密度、容积率等，以及其他约束条件。

接下来，进行 pix2pix-GAN 模型的训练。GAN 模型由生成器（G）和判别器（D）两部分组成，它们相互对抗并共同进化，直到达到平衡状态。这一训练过程是机器学习中的关键步骤，通过反复优化生成器和判别器，模型将逐渐学会如何根据输入数据生成最佳的平面布局预测。这个模型的训练过程需要充分的时间和计算资源，以确保最终的预测模型具有高度准确性。

最后，研究引入 Octopus 多目标优化算法，这是一种基于 Grasshopper 平台的智能算法，灵感来自章鱼的智能行为。Octopus 算法通过模拟章鱼的触手来搜索多目标优化问题的解空间中的最优解。解空间中每个解被看作是章鱼的触手，可以伸缩、弯曲和旋转，从而实现局部和全局的搜索。算法还引入了非支配排序和拥挤度距离等技术，以确定解的优劣，它们可以帮助努力找到一组近似的非支配解，以解决目标函数之间的冲突。本研究将 Octopus 算法用于确定建筑群的高度，以满足多重限制条件，如高度、容积率和 Ladybug 插件所模拟累积的最大日照时间。这一优化过程使得建筑布局不但更符合城市规划的要求，而且具有最优的环境性能，从而实现城市空间的可持续智能建设。

5.1.3　研究结果

通过 pix2pix-GAN 模型生成的结果如图 5-2 所示，这一模型在低密度和高密度建筑布局方面呈现出一定的规律性。在低密度生成结果中，

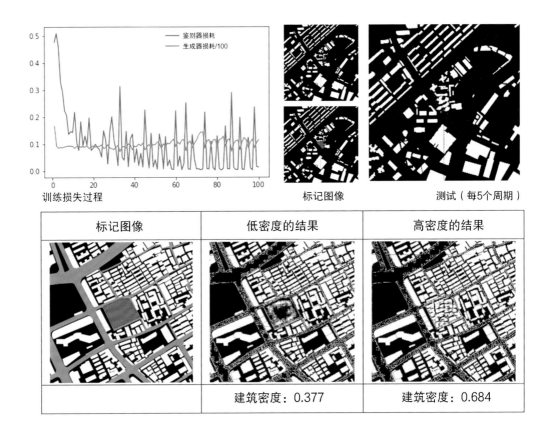

图 5-2　街区平面生成结果

可以观察到建筑布局与场地边界形成了有机的响应，同时中央区域的公共空间也得到了保留。这表明 pix2pix 算法不仅能够有效学习建筑群的布局，还能捕捉建筑群与场地之间的复杂关系。在这一模型生成的结果中，建筑密度达到了 0.377，符合低密度布局的要求。

而在高密度生成结果中，可以观察到这一模型不仅与当地的建筑风格相契合，还学习了周围环境中的"E"形和"C"形建筑布局形式，将它们巧妙地融入了生成的设计方案中，使得方案具有更强的地域特色。生成方案的建筑密度达到了 0.684，符合高密度城市区域的规划要求。

结合 Ladybug 光照模拟的约束条件，本研究得到的 Octopus 算法最优解集如图 5-3 所示，与实际设计师的方案高度相似。这一算法成功地生成了分别符合低密度、高密度建筑体量布局的设计方案，并在不同容积率范围内找到了满足最大日照时间要求的解决方案。

本案例将 GAN 与传统生成式设计算法有机结合，不仅丰富了 Octopus 算法的多样性，还弥补了 GAN 生成结果的不稳定性。此外，Octopus 算法与 Rhino 模型的联动性使得最终生成的设计方案可以与建筑师的设计工作流程相衔接，这种工作流可被泛化到建筑风、光、热等多种环境优化场景，具有很高的实用性。然而，需要注意的是，GAN 生成算法仍有进一步优化的空间，尤其是在高密度建筑布局生成中，可能需要更多的简化和控制。另外，本研究在数据集准备和 Octopus 多目标优化算法方面仍有提升的余地，未来可以考虑在优化过程中引入更多环境性能参数，如风环境、热环境、能源消耗、碳排放等，以实现更高程度的环境性能为导向的生成设计。

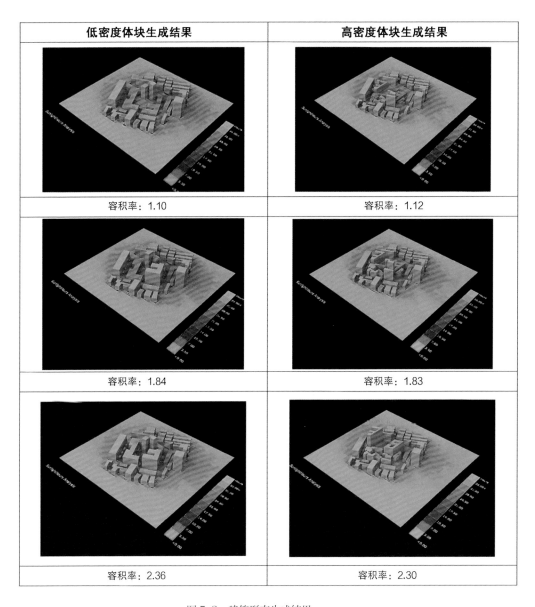

低密度体块生成结果	高密度体块生成结果
容积率：1.10	容积率：1.12
容积率：1.84	容积率：1.83
容积率：2.36	容积率：2.30

图 5-3　建筑形态生成结果

5.2
基于多目标优化的
城市空间生成方法

传统的设计流程通常将环境性能评估留至设计完成前的最后阶段再进行，这种模式被称为"后评估"模式[84]。然而，研究表明这种方式可能导致建筑性能优化不充分，而且在设计阶段后期进行改进往往成本高昂且效果有限[85]。

为解决这一问题，一些学者开始探索在设计的早期阶段进行性能评估的方法[86]。他们采取了多种途径：一方面，通过建立跨平台接口，将性能模拟软件例如 Ladybug Tools，集成到三维建模平台中，以提高性能评估的交互性[87,88]；另一方面，为了应对传统方法下性能模拟耗时长的挑战，一些研究人员着手研究加速环境性能评估的方法，如简化物理模型或利用 GPU 并行计算等技术[89,90]。

随着机器学习和深度学习技术的快速发展，一些学者开始探索如何利用这些技术来提高性能评估的效率。他们将传统性能模拟的详细模型转化为更高效的黑盒或灰盒模型，使得后续的研究可以更便捷地调用这些模型进行分析。

在这一背景下，本节介绍了一种基于 GAN 的高效优化方法，旨在有效预测城市街区尺度的室外环境性能，并在短时间内提供具有较优环境性能表现的城市设计方案。这一方法的核心在于充分利用数据科学、机器学习和多目标优化算法的技术手段，将性能评估纳入城市空间生成的早期阶段。多目标优化的城市空间生成方法强调了同时考虑多个设计指标（如建筑密度、容积率、高度等）的重要性，以实现更全面、多样化且性能卓越的城市布局。

5.2.1　技术路线

本研究的工作流程如图 5-4 所示，采用了内循环和外循环的双路径方法，以高效推动城市空间生成与性能优化。

内循环是整个工作流程的核心，旨在实现快速性能评估。它包含一系列关键步骤，从批量采样和数据编码开始，再到数据集的准备和对抗性训练，然后进行性能预测，最后根据预测结果进行模型调整。

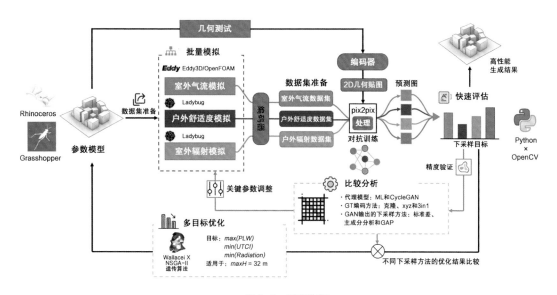

图 5-4　研究流程

这个内循环的目标是通过 GAN，特别是 pix2pix-GAN 模型，快速生成候选城市设计方案，并在生成过程中对其不断进行调整，使其满足特定性能指标。这种内循环的迭代过程使得城市规划者能够在短时间内获取多个设计选项，这些选项都经过了初步的性能评估，为更深入的优化提供基础。

外循环则是通过基于遗传算法的多目标优化来实现环境性能驱动的生成设计。在这个循环中，遗传算法通过向满足初步性能要求的备选方案中引入多个目标函数，例如建筑密度、容积率、高度，以及日照时间等性能参数，来寻找最佳解决方案。外循环的目标是在保证方案满足城市环境性能要求的前提下，得到具有高度多样性和创新性的城市空间布局，以满足不同需求和限制条件。

这一双循环的技术路线充分利用了快速性能评估和多目标优化的优势，将城市规划方案生成与方案的环境性能评估相互融合，加速了城市空间方案生成的过程，为更智能、可持续的城市设计提供了有力支持。

5.2.2 研究方法

本研究通过参数化建模的方法，创建了 9 个不同类型的城市街区原型，代表了典型的欧洲城市街区形态（图 5-5）。这些街区原型的生成过程采用两种基本逻辑：一种是优先考虑场地边界的拟合，生成封闭街区，类似于罗马、巴黎和巴塞罗那的城市布局；另一种逻辑则是通过 Rhino/Grasshopper 的 Decoding Spaces 插件，将场地划分成若干子区域，随机调整建筑的尺寸，以形成类似慕尼黑和海尔布隆等城市街区风格的布局。这种方法的灵活性在于它允许城市规划者根据不同的需求和场地特点选择适合的城市街区类型，从而增加了规划方案的多样性。

对生成的城市街区原型，研究使用 6 个常见城市形态指标进行评估，包括建筑覆盖率、容积率、平均建筑高度、建筑高度的标准差、建筑形状系数和正面面积比。这些指标的计算有助于定量评估不同城市街区类型的形态特征，为城市规划决策提供了重要的参考。

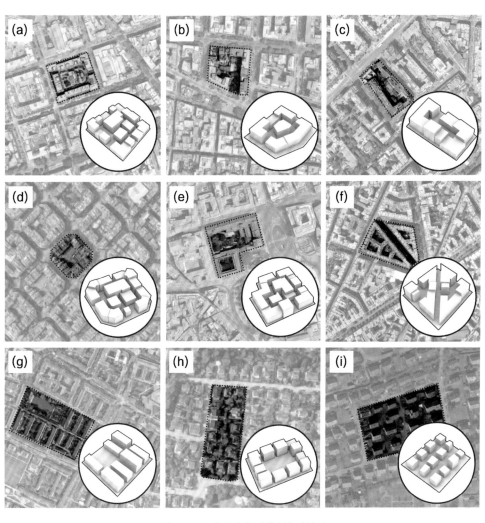

图 5-5　　参数化街区模型生成结果

为了更好地理解城市街区的环境性能，本研究进行了多项环境性能模拟，包括行人高度风（PLW）的数值模拟、年度累积太阳辐射的模拟以及通用热气候指数（UTCI）的计算。这些模拟结果有助于评估城市街区的风环境、日照状况和热舒适性，为城市规划提供了重要的环境性能数据参考。

为了实现环境性能的实时预测，本研究将参数化城市街区生成算法移植到 Ladybug 工具中，以批量模拟数据，并通过对抗性训练实现实时环境性能预测。研究采用不同的编码策略以获取生成的几何形态的编码数据，作为性能预测的输入数据。

最后，本研究采用了基于 NSGA-Ⅱ的遗传算法，通过多目标优化来提高城市街区的性能。优化目标包括提高 PLW 的速度比、减少 UTCI 和最小化太阳辐射。通过实时预测得到适配值，优化算法能够生成多个帕累托解[1]，为城市规划决策提供了多样的设计方案。通过比较不同的下采样方法和多目标优化算法，可以进一步优化城市街区设计方案的环境性能。上述方法为城市规划领域提供了一种综合性的工具，帮助规划者从环境性能角度更好地理解和优化城市空间布局。

1　在多目标优化中，通常存在多个冲突的优化目标。帕累托解是指在这样的多目标优化问题中，没有其他解能够在所有目标上至少与它一样好，而且在另一些目标上比它更好。

5.2.3　研究结果

本研究成功开发了一种基于环境性能的生成式设计框架，该框架利用 GAN 替代传统的环境性能模拟方法（图 5-6），实现了城市街区多种环境性能的快速预测和评估。这一框架不仅提高了环境性能优化的效率，还为城市规划者提供了更全面的城市设计选择和性能评估工具。

研究结果表明，使用 pix2pix 作为 GAN 模型的训练工具，可以有效预测城市街区的风环境、热舒适度和太阳辐射等关键环境指标。不仅如此，本研究还通过多目标优化算法成功实现了性能化城市形态的生成，使得城市规划能在更好地兼顾建筑密度、容积率和高度等多个因素的基础上，满足不同环境性能需求和约束条件。

此外，研究还进行了参数敏感性测试，发现不同的编码方法和 GAN 训练策略对性能预测和优化结果有所影响。"克隆"编码方法在风速和太阳辐射的预测中表现出色，而"3in1"方法在全局预测方面更具潜力（图 5-7），即能够提供高精度的全场地风环境的预测结果。这些发现为将来的研究提供了有价值的参考，可以指导规划设计人员根据具体任务，选择最适合的编码方法和 GAN 训练策略。此外，本研究还比较了不同的多目标优化算法，发现 NSGA-Ⅱ 与 GAP 下采样方法在本研究中表现最佳。这些发现为未来城市规划决策者根据具体情况选择恰当的分析工具提供了建议。

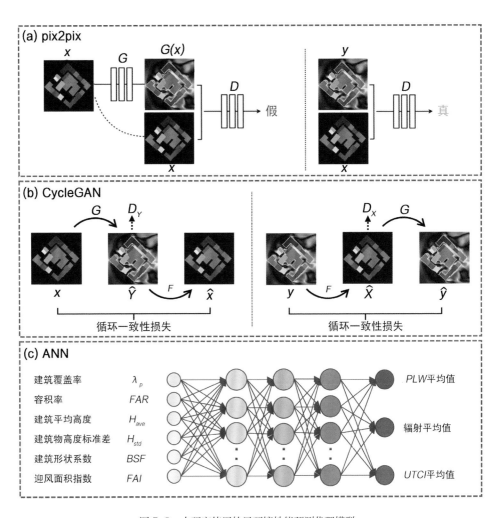

图 5-6　本研究使用的风环境性能预测代理模型

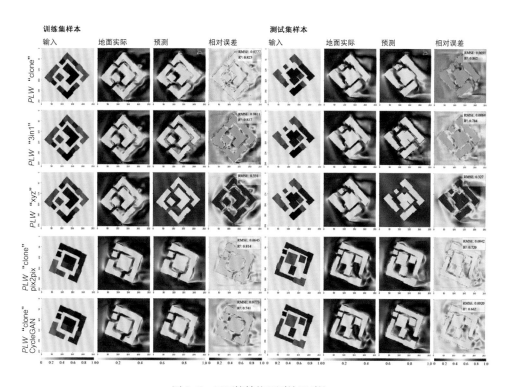

图 5-7 风环境性能预测效果对比

同时，本研究仍然存在一些值得进一步挑战和改进的空间。例如，GAN 模型的性能可能已经接近极限，但仍有改进的空间，特别是在风环境和热舒适度的预测方面。未来的研究可以考虑引入物理规则或结合深度学习模型，进一步提高预测准确性。此外，将这一框架应用于实际城市规划项目，并输入实际数据进行验证，将是未来研究的一个重要方向。

综上所述，本研究为城市规划领域提供了一种前沿的方法，通过数据驱动、深度学习和多目标优化相结合，为城市的可持续发展和智能化规划设计注入了新的动力，具有重要的学术和实践价值。

5.3
基于自组织优化的
城市空间生成方法

自组织设计的城市空间生成方法代表了一种新兴的设计理念，旨在将性能优化融入城市规划和建筑设计的早期阶段，并实现设计方案的自动生成，以及基于特定环境性能目标的自主迭代优化。这一方法将整个设计过程分解为三个关键步骤：形体生成、性能评估和优化设计。

在形体生成阶段，设计者可以通过参数化的方式创建多种城市空间和建筑形态的候选方案。参数化的灵活性，使得设计者能够快速尝试不同的设计选择，无须从零开始构建每个设计。

性能评估是这个方法的核心，它需要对每个设计方案的环境性能进行全面评估。这些性能包括室内光环境、建筑能耗、风环境等多个方面，目标是确保设计方案满足特定环境性能标准，提供可持续、绿色和高性能的城市空间。然而，挑战在于如何实现即时的性能评估和反馈，以便设计者在设计过程中及时做出明智的决策。

在优化设计阶段，可采用多智能体深度强化学习与生成对抗网络相结合（MADRL-GAN）的自组织设计方法。这种方法将设计范围内的多个建筑视为多智能体集群，通过多个智能体之间的协作行为，来实现城市空间形态的高效生成与优化。生成对抗网络用于创造不同的建筑和城市空间形态，深度强化学习则用于指导智能体的决策，以满足环境性能的要求。

本节将以法国克瓦圣朗贝街区改造设计为例，探讨自组织设计方法的潜力和优势。克瓦圣朗贝街区位于法国西部的圣布里克市，这个地区有住宅、小学和社区购物中心等多个功能设施。在改造之前，这个地区的高层建筑在行人区域引发的风速加大效应，以及建筑之间的气流问题，成为本次改造的关键挑战。因此，改造方案的一个核心目标就是提高街区的风环境质量，以创造更宜居和安全的生活和工作环境。研究将采用多智能体系统，为该街区探索环境性能驱动的建筑群形态自主生成策略。

5.3.1　技术路线

研究技术流程如图 5-8 所示。首先，为待改造的街区建立参数化模型，模型需兼顾住宅、商业、办公等多种建筑风格，以确定空间形态和位置参

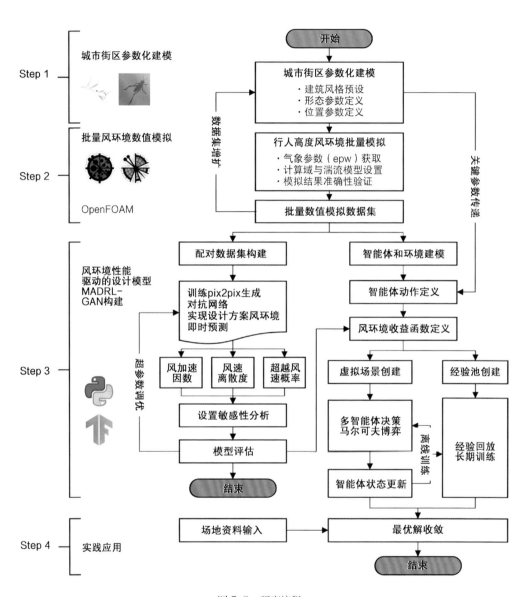

图 5-8　研究流程

数的约束条件。接下来，对参数化模型进行随机采样，并通过风环境模拟引擎进行批量模拟，以获取大量风环境图谱。随后，训练 pix2pix 生成对抗网络（pix2pix-GAN）学习这些室外风环境图谱，并通过训练好的风环境预测模型，建立智能体动作的收益函数。

研究采用 MADRL-GAN 方法来构建街区设计模型，采用深度确定性策略梯度框架（Multi Agent Deep Deterministic Policy Gradient，MADDPG）作为多智能体强化学习（MADRL）的实现算法。这个框架由多个确定性策略梯度（DDPG）网络组成，能够处理连续动作空间中的多智能体问题。本研究采用离线训练方式，持续更新 MADRL-GAN 模型。最后，输入场地气象资料和周边建筑信息，以获得最大化室外风环境的收益，并将设计模型收敛到建筑多智能体的参数组合。

这一流程整合了多智能体系统和深度强化学习技术，以实现城市规划和建筑设计的环境性能优化，为建筑群的形态生成提供了创新方法。通过自主生成策略，建筑设计能够更好地满足环境性能的需求，为城市空间的可持续发展提供有力支持。

5.3.2　研究方法

Pix2pix-GAN 风环境预测模型的训练过程，开始于建立街区尺度的参数化模型。首先在这个模型上进行随机采样，以获取大量不同的几何模型。接下来，将这些几何模型导入 Ladybug Tools 的风环境模拟插件 Butterfly，进行风环境性能批量模拟。在模拟过程中，将几何模型与模拟结果进行了降维编码和图像操作，以生成用于 pix2pix-GAN 训练的数据集。通过对抗性训练，研究构建了一个预测模型，使其能够实时预测输入编码对应的几何模型的室外风环境。

随后，将模型预测结果与风洞数据库进行对比验证，以确定上述步骤构建的 GAN 预测模型在风环境预测方面的准确性。此外，研究还进行了敏感度测试，以确定可能对模型性能产生影响的模型参数，并进行超参数调优，以确保生成器在深度强化学习环境中具有良好的泛化能力和稳健性。

接下来，运用 MADRL-GAN 算法，构建风环境性能驱动的街区设计模型。本研究运用 TensorFlow 深度学习框架，首先将可建设区域划分成网格，并建立了参数化的街区模型。这些模型的形态和位置参数成为多智能体系统的行动空间。为了更好地模拟不同设计方案的效果，研究还借助虚拟引擎和实时渲染工具，创建了一个可交互的虚拟环境。最终，通过深度学习和多智能体系统的不断优化，本研究成功地获得了一种城市形态，其风环境性能达到了最佳状态。（图 5-9）

5.3.3　研究结果

本研究特别强调了以下几点：首先，该方法能够满足场地的边界条件和其他约束条件；其次，所有具有相同设计参数控制的建筑单元均被视为智能体，并且它们共享统一的状态和动作空间；再次，在生成过程中，研究定义了每个单独建筑智能体的行为；最后，在本研究中，多智能体的生成任务的收益函数是与风环境指标相关的。

通过以上原则，本研究中的 MADRL 智能体能够自主生成符合风环境性能要求的建筑群形态。这一方法整合了环境性能优化方法和智能体强化学习方法，为城市规划和建筑设计提供了创新的方式，以满足环境性能的需求。这一设计方案不仅有效地减小了街区中的风速加大效应，还提高了整个街区风环境的稳定性。（图 5-10）这意味着未来这里的居民和工作者将享受到更加宜居和安全的环境，从而拥有更高的生活质量。

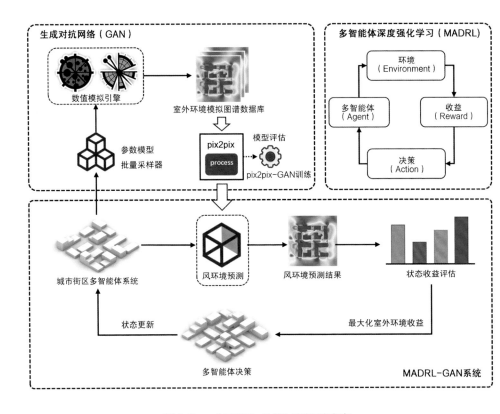

图 5-9　　MADRL-GAN 系统工作框架

综上所述，克瓦圣朗贝街区改造案例充分展示了自组织设计方法的潜力和优势。这一方法能够自动进行环境性能的优化，减少了对人工干预的依赖，提高了设计的效率。自组织设计方法在复杂的城市规划和建筑设计中有着广泛的应用前景，它为城市的可持续发展和建筑的智能化设计提供了一种全新的思路。未来可以进一步探索和优化自组织设计方法，以适应不同场景和挑战，创造更宜居、环保和可持续的城市和建筑，从而为人们带来更美好的生活和工作体验。

了解本章 3 个案例的完整研究内容，可分别参阅：

Yao J W, Huang C Y, Peng X, et al. Generative Design Method of Building Group: Based on generative adversarial network and genetic algorithm[C]// Association for Computer-Aided Architectural Design Research in Asia. 'PROJECTIONS'—Proceedings of the 26th International Conference of the Association for Computer-Aided Architectural Design Research in Asia (CAADRIA) 2021, Volume 1. Hong Kong: 61-70.

Huang C Y, Zhang G J, Yao J W, et al. Accelerated environmental performance-driven urban design with generative adversarial network[J]. Building and Environment, 2022, 224: 109575.

姚佳伟，黄辰宇，付斌，等 . 深度强化学习支持下风环境性能驱动的设计研究与实践 [J]. 建筑学报，2022(S1): 31-38.

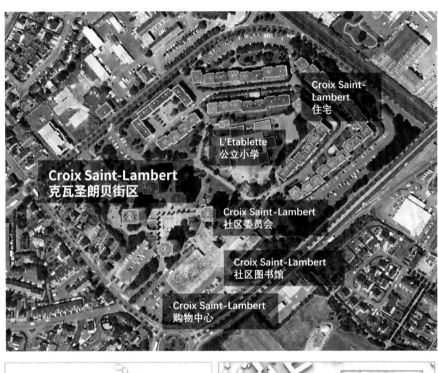

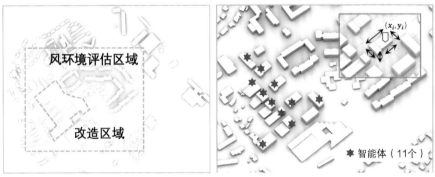

图5-10   本研究中街区改造项目区位图及方案优化过程

现状　风向240°　风加速因数图谱　　　　　优化方案　风向240°　风加速因数图谱

现状　风向180°　风加速因数图谱　　　　　优化方案　风向180°　风加速因数图谱

现状　风向20°　风加速因数图谱　　　　　优化方案　风向20°　风加速因数图谱

现状　f（v > 3.6 m/s）阵风频率图谱　　　　优化方案　f（v > 3.6 m/s）阵风频率图谱

5.4
本章小结

　　本章通过三个创新案例，深入剖析了环境性能驱动的智能生成式设计的三种方法，展现了在城市和建筑设计中整合数据驱动与性能驱动方法的策略。这些策略不仅优化了设计过程的效率和实用性，而且为城市规划与建筑设计领域带来了新的思维方式和工具，帮助设计师、规划师和决策者更有效地响应环境挑战。

　　5.1节介绍了一种结合数据驱动和性能驱动的城市空间生成方法，该方法通过生成对抗网络形成建筑方案，并根据环境性能目标进行城市空间优化。这一方法突破了传统参数化设计在形态多样性方面的限制，通过数据分析增强设计的多样性，同时通过性能调整保证设计方案的实施可行性和环境响应性。

　　5.2节介绍的基于多目标优化的城市空间生成方法，突显了将环境性能评估整合进设计过程前期的重要性与可行性，并使用机器学习与多目标优化算法快速生成具有最优环境性能的城市设计方案。这种方法提高了城市规划的效率和准确性，有力支持了城市的可持续发展。

5.3 节介绍的基于自组织优化的城市空间生成方法，通过多智能体深度强化学习与生成对抗网络的结合，自动优化城市设计方案的环境性能。这一策略揭示了自组织设计在城市规划和建筑设计中的广泛应用前景，为构建生活友好、环境友好导向的未来城市和建筑提供了新的路径。

本章通过对环境性能驱动的智能生成式设计的深入探讨，可以看到该领域如何将人工智能技术应用于数据分析与环境性能优化，推动城市与建筑设计向更高效、响应更灵敏和更加创新的方向发展。这些案例不仅展示了智能生成式设计在实际应用中的潜力，也揭示了面向未来城市和建筑环境的新思维和新策略。

总结与展望

虽然环境性能驱动的设计方法已经取得了显著进展，但在实践中仍然面临诸多挑战。这些挑战包括但不限于技术的复杂性、设计与性能评估的集成，以及可持续性目标与实际应用之间的差距。为了克服这些挑战并充分发挥智能生成式设计的潜力，需要持续的技术创新、跨学科合作，以及对设计原则和方法的深入思考。

本书主要聚焦于人工智能在城市与建筑环境性能设计领域的重要性和应用。开篇综述首先回顾了环境性能导向的建筑设计方法的演变，从工业革命前的气候适应型设计，到工业革命后的环境调控型设计，再到数字时代的性能驱动型设计，这个演变过程揭示了建筑设计范式的不断更新，反映出人类对居住环境需求的不断变化。在此背景下，本书进一步探讨了设计智能和环境智能之间的关系，突出了智能设计在城市环境优化中的关键作用。它提供了一系列工具、算法和方法，可用于改善城市与建筑的风环境、光环境和热环境。

第 2 章到第 4 章分别结合具体研究案例，帮助城市规划师、建筑师以及城市建设相关决策者更好地理解和应对城市与建筑风环境、光环境、热环境的挑战，从而创造更健康、可持续和智能的建成环境。每个案例均突出了数据驱动和性能驱动设计在解决特定环境问题中的重要性，揭示了智能设计方法在城市规划和建筑设计领域的广泛应用前景。

第2章案例通过大数据技术和计算流体力学模拟技术，分析了建筑形态对华东地区工人新村室外风环境舒适性的影响。利用多元统计分析和智能评估模型，本案例为优化此类住宅区的室外风环境提供了科学依据，为城市更新项目提供了针对性建议。

第3章案例关注建筑室内光环境的智能调控，尤其是动态建筑表皮技术的优化应用。通过可解释的机器学习技术，分析了动态建筑表皮参数对室内光环境性能的影响，并基于分析结果，优化了动态建筑表皮的控制策略，以改善室内光环境质量和减少能耗。

第4章案例着眼于城市热岛效应的研究，针对现有的热岛效应研究在城市立体结构和三维形态分析上的不足，加入了若干立体城市肖像指标，并引入新兴的机器学习算法，提高了城市热岛效应预测模型的准确性，为深入理解和缓解城市热岛效应提供了新的视角。

第5章的三个案例深入探讨了环境性能驱动的城市空间生成方法，展示了如何结合生成对抗网络、多目标优化算法和自组织设计方法来应对传统参数化设计的局限性，从而提升城市设计的多样性、实用性和环境适应性。这些案例彰显了智能设计技术在促进城市可持续发展方面的重要价值。其中：

案例 1 介绍了一个结合数据驱动和性能驱动的城市空间生成方法，利用生成对抗网络创建建筑方案并优化其环境性能。这种方法通过提升设计多样性和实用性，为传统参数化设计提供了有效的补充。

案例 2 展示了一种基于生成对抗网络的城市空间设计高效优化方法，重点在于在城市设计的早期阶段便纳入性能评估。通过数据科学、机器学习和多目标优化技术的集合，本案例最终实现了兼具环境适应性与美观性的城市布局设计。

案例 3 通过自组织设计方法，将多智能体深度强化学习与生成对抗网络相结合，创造出符合环境性能要求的城市空间形态。这种方法为城市规划和建筑设计提供了一种全新的智能化解决方案，展现了智能设计技术在处理复杂城市环境中的应用潜力。

综合而言，本书通过深入探讨智能设计在城市与建筑环境优化中的应用，为读者提供了有关城市规划、建筑设计中的环境改善智能化的重要见解，为未来的城市发展提供了可行的智能设计范式。

尽管本书强调了环境智能设计的重要性和潜力，但该研究领域目前仍然面临许多挑战。这些问题包括可用数据不足、分布外泛化难题、关联指标难解耦，以及生成模型多样性受限等。为了不断改进和发展环境智能设计方法，本书提出了针对性的解决策略。

应对可用数据不足：

在建成环境控制中，获取大规模、高质量的数据是一个挑战。在当下的实践中，由于传感器和监测设备的数量有限，或者获得数据不完整、不准确等问题，所采集到的数据集可能不足以支持机器学习模型的训练。解决方案包括积极采集真实数据，例如气象站数据和传感器数据，或利用模拟引擎创造可用于验证的模拟数据集。云计算和并行计算可加速这一过程。使用生成对抗网络等技术合成数据也可扩充数据集，但需注意合成数据集可能带来虚假的相关关系，可能导致设计变更对环境性能的影响被高估。

面向分布外泛化难题：

机器学习模型的训练数据需满足独立同分布假设，然而在实际应用中，常常需要处理不同地区、不同季节、不同场景等不同分布的数据，传统模型难以在新的、未知的数据分布上表现良好。解决方法包括：使用迁移学习方法，即将模型从一个领域迁移到新领域，以适应新的数据分布；或采用领域自适应方法，即调整模型以适应不同领域的数据分布，通过在损失函数中引入领域适应性项来实现；还可以定期重新训练模型，以捕捉数据分布的变化。

解决关联指标难解耦：

建筑环境涉及多个子系统，如供暖、通风、照明系统等。这些子系统之间存在相互依赖关系和交互作用，对应的环境性能指标则往往是竞争性的，优化其中一个指标可能会对其他指标造成负面影响，例如提高供暖效率可能会增加能源消耗，从而影响能源效率。而更多指标之间的关联往往是隐性的，这意味着必须识别出不确定的互耦指标，才可实现有效的多目标优化。此外，建筑外部环境条件的不确定性和变化，也会使得室内环境指标之间的关联更加复杂，例如外部气温、湿度和太阳辐射等因素的变化会影响建筑的能源消耗和室内舒适性。针对上述问题，可通过因果推理方法来理解指标之间的因果关系，即确定哪些因素导致了性能指标的变化，从而帮助找到解耦的方法。

突破生成模型多样性限制：

参数化方法可能倾向于生成相似的设计方案，缺乏多样性，这可能会限制该方法在不同场景下的适用性。当使用参数化方法进行生成设计时，解空间在设计早期已固定，故而设计可能性受到控制参数维度的限制，难以生成多样性的解决方案。当前将参数化模型与深度生成模型（例如生成对抗网络）结合有利于增加随机性因素，以生成多样性的结果，从而增加解决方案的多样性。采用超参数搜索和模型集成技术也可以提高模型的多样性和性能。另一方法是设计多样性的损失函数，鼓励模型生成多样性的设计方案。

展望未来，智能建筑和城市环境设计领域正处于迅猛发展之中。随着技术的不断进步，我们将面临前所未有的机遇和挑战。智能建筑不再仅仅是未来的概念，它正在逐渐变成现实，为城市的可持续发展和人类生活质量带来革命性的改变。未来的趋势不仅将改变建筑与城市的设计方法，还将重塑设计范式，为城市规划和建设带来更多创新和可能性。笔者预测，以下充满活力的领域，将带领人类迎来智慧、可持续和宜居城市的时代。

泛性能化设计：

人工智能技术的飞速发展，可能会促使泛性能化设计的产生，其核心思想是一切可被表征的性能，不论是建筑的能耗、人的行为，还是建筑的社会和经济效益等，都可以通过大数据和机器学习来进行学习和预测。随着机器学习模型的不断发展，其发现数据中的模式和趋势的能力也随之增强。泛性能化设计将对不同模态以及具有空间或时间分布的高维数据具有数据融合与同化的能力。通过机器学习，设计师可以更全面地分析建筑和城市的性能，以及各种性能参数之间的复杂关联。这使得设计能够更全面、多样化地考虑各种性能因素，并找到最佳平衡点。

第一性原理集成的机器学习：

数据科学与物理原理的融合将成为未来设计的重要趋势。将物理原理与机器学习相结合，可以更好地捕捉建筑和城市环境的物理行为。通过将物理原理融入神经网络架构与损失函数，可以产生更好的泛化性能预测模型，从而提高性能驱动设计中代理模型的物理一致性，为性能驱动型设计的创新提供更强有力的支持。这将推动建筑设计可持续性和效率的进一步提高，同时为新材料和技术的发展提供更多可能性。

复杂系统与因果涌现：

城市复杂系统是指城市这一庞大而复杂的人工生态系统，它由许多相互关联的部分组成，包括建筑、交通、环境、社会和经济等因素。这些组成部分之间存在着复杂的相互作用和反馈机制。城市复杂系统通常表现出非线性、自组织性和涌现性等特征。其中，因果涌现是指在这个庞大的复杂系统中，某些现象是由多个组成部分的相互作用和复杂关系引发的，这些因果关系通常不容易被直接观察到，但对城市规划和设计有深远影响。因此，理解和应对城市复杂系统以及因果涌现现象，将成为未来性能驱动的城市设计的重要研究内容。

量子计算重塑设计范式：

未来，量子计算将引领设计范式的重塑，其高速、高效的计算能力将帮助设计师更快速地生成、评估和优化多样性设计方案。通过利用量子位的性能叠加态，设计师可以处理高度复杂的设计问题，例如在建筑、材料科学和其他领域中实现性能叠加态的设计，从而创造出以前无法想象的创新性能。此外，量子计算还提供了新型的优化算法，可以使性能驱动型设计更加高效和精确。这一趋势将为设计领域带来前所未有的机遇，加速科学与艺术的交汇，塑造出更具创新性和可持续性的设计未来。

参考文献

[1] 段进，杨保军，周岚，等 . 规划提高城市免疫力——应对新型冠状病毒肺炎突发事件笔谈会 [J]. 城市规划，2020, 44(2): 115‒136.

[2] 汉诺－沃尔特·克鲁夫特 . 建筑理论史：从维特鲁威到现在 [M]. 王贵祥，译 . 北京：中国建筑工业出版社，2005.

[3] 维特鲁威 . 建筑十书（典藏版）[M]. I. D. 罗兰，英译；陈平，中译 . 北京：北京大学出版社，2017.

[4] 潘谷西 . 中国建筑史：第七版 [M]. 北京：中国建筑工业出版社，2015.

[5] 迪恩·霍克斯，程惊宇，邱嘉玥 . 英格兰文艺复兴建筑中建筑科学的起源 [J]. 时代建筑，2018(3): 13‒20.

[6] 仲文洲，张彤 . 环境调控五点——勒·柯布西耶建筑思想与实践范式转换的气候逻辑 [J]. 建筑师，2019(6): 6‒15.

[7] 王鑫 . 赖特建筑创作中的节能策略及其设计启示 [J]. 新建筑，2006(3): 86‒88.

[8] 宋德萱 . 节能建筑设计与技术 [M]. 上海：同济大学出版社，2003.

[9] Lin B, Chen H, Yu Q, et al. MOOSAS‒ A systematic solution for multiple objective building performance optimization in the early design stage[J]. Building and Environment, 2021, 200: 107929.

[10] 卢健松，彭丽谦，刘沛 . 克里斯托弗·亚历山大的建筑理论及其自组织思想 [J]. 建筑师，2014(5): 44‒51.

[11] 卢健松，刘沛，吴彤. Christopher Alexander 的"模式语言"及其在计算机领域的影响 [J]. 自然辩证法研究, 2012, 28(11): 104‑109.

[12] 袁烽，张立名，陈哲文. 从连续到离散：关于 2018 威尼斯建筑双年展中国馆"云市"的建造实验 [J]. 时代建筑, 2018(5): 76‑83.

[13] 袁烽，金晋磎. 数字设计与智能建造实践——上海西岸人工智能峰会 B 馆 [J]. 建筑技艺, 2019(2): 86‑93.

[14] 王建国. 基于人机互动的数字化城市设计——城市设计第四代范型刍议 [J]. 国际城市规划, 2018, 33(1): 1‑6.

[15] Xie Y M, Steven G P. Basic Evolutionary Structural Optimization[M] // Y.M. Xie, G.P. Steven. Evolutionary Structural Optimization. London: Springer, 1997: 12‑29.

[16] Hong T, Yan D, D'Oca S, et al. Ten questions concerning occupant behavior in buildings: The big picture[J]. Building and Environment, 2017, 114: 518‑530.

[17] Menges A. Biomimetic design processes in architecture: morphogenetic and evolutionary computational design[J]. Bioinspiration & Biomimetics, 2012, 7(1): 015003.

[18] 杨俊宴，张涛，傅秀章. 城市中心风环境与空间形态耦合机理及优化设计 [M]. 南京：东南大学出版社, 2016.

[19] Liu W, Zhang Y, Deng Q. The effects of urban microclimate on outdoor thermal sensation and neutral temperature in hot‑summer and cold‑winter climate[J]. Energy and Buildings, 2016, 128: 190‑197.

[20] 任超. 城市风环境评估与风道规划：打造呼吸城市 [M]. 北京：中国建筑工业出版社, 2016.

[21] Zahid Iqbal Q M, Chan A L S. Pedestrian level wind environment assessment around group of high‑rise cross‑shaped buildings: Effect of

building shape, separation and orientation[J]. Building and Environment, 2016, 101: 45 – 63.

[22] Shi Y. Mapping the Air Pollution in High-Density Urban Environments of Hong Kong for Environmental Urban Planning and Design Using Land Use Regression Approach[D]. Hong Kong: The Chinese University of Hong Kong (Hong Kong), 2016.

[23] Nikolopoulou M, Steemers K. Thermal comfort and psychological adaptation as a guide for designing urban spaces[J]. Energy and Buildings, 2003, 35(1): 95 – 101.

[24] Ng E. Policies and technical guidelines for urban planning of high-density cities – air ventilation assessment (AVA) of Hong Kong[J]. Building and Environment, 2009, 44(7): 1478 – 1488.

[25] Ng E, Yuan C, Chen L, et al. Improving the wind environment in high-density cities by understanding urban morphology and surface roughness: A study in Hong Kong[J]. Landscape and Urban Planning, 2011, 101(1): 59 – 74.

[26] Blocken B, van Beeck J P A J. On wind-tunnel and CFD techniques and their accuracy for pedestrian-level wind comfort around buildings[M]. Hamburg: University of Hamburg, 2014: 1 – 8.

[27] Dai T, Liu S, Liu J, et al. Evaluation of fast fluid dynamics with different turbulence models for predicting outdoor airflow and pollutant dispersion[J]. Sustainable Cities and Society, 2022, 77: 103583.

[28] Hang J, Li Y, Sandberg M, et al. The influence of building height variability on pollutant dispersion and pedestrian ventilation in idealized high-rise urban areas[J]. Building and Environment, 2012, 56: 346 – 360.

[29] Bi S, Dai F, Chen M, et al. A new framework for analysis of the

morphological spatial patterns of urban green space to reduce PM2.5 pollution: A case study in Wuhan, China[J]. Sustainable Cities and Society, 2022, 82: 103900.

[30] 杨俊宴, 邵典, 傅秀章, 等. 基于物理环境数字地图的城市设计逐级优化——过程性探索 [J]. 城市规划, 2022, 46(5): 64‑80.

[31] 史立刚, 崔玉, 杨朝静. 寒冷地区专业足球场寒冷赛季风环境评价研究 [J]. 建筑科学, 2022, 38(10): 251‑259.

[32] 陈日飙, 陈竹, 尹名强, 等. 通风节能视角中多尺度的风环境评估方法研究——以深圳后海中心区为例 [J]. 南方建筑, 2023(2): 77‑87.

[33] Liu J, Niu J. CFD simulation of the wind environment around an isolated high-rise building: An evaluation of SRANS, LES and DES models[J]. Building and Environment, 2016, 96: 91‑106.

[34] LeGates R T. Visions, scale, tempo, and form in China's emerging city-regions[J]. Cities, 2014, 41: 171‑178.

[35] Fu Y, Xu W, Wang Z, et al. Numerical study on comprehensive energy-saving potential of BIPV façade under useful energy utilization for high-rise office buildings in various climatic zones of China[J]. Solar Energy, 2024, 270: 112387.

[36] Edwards L, Torcellini P. Literature Review of the Effects of Natural Light on Building Occupants[R]. NREL/TP-550-30769, National Renewable Energy Lab. (NREL), Golden, CO (United States), 2002.

[37] Berardi U, Wang T. Daylighting in an atrium-type high performance house[J]. Building and Environment, 2014, 76: 92‑104.

[38] Sudan M, Mistrick R G, Tiwari G N. Climate-Based Daylight Modeling (CBDM) for an atrium: An experimentally validated novel daylight performance[J]. Solar Energy, 2017, 158: 559‑571.

[39] Ghasemi M, Noroozi M, Kazemzadeh M, et al. The influence of well geometry on the daylight performance of atrium adjoining spaces: A parametric study[J]. Journal of Building Engineering, 2015, 3: 39 – 47.

[40] Samant S. A critical review of articles published on atrium geometry and surface reflectances on daylighting in an atrium and its adjoining spaces[J]. Architectural Science Review, 2010, 53(2): 145 – 156.

[41] Aghemo C, Pellegrino A, LoVerso V R M. The approach to daylighting by scale models and sun and sky simulators: A case study for different shading systems[J]. Building and Environment, 2008, 43(5): 917 – 927.

[42] Wong I L. A review of daylighting design and implementation in buildings[J]. Renewable and Sustainable Energy Reviews, 2017, 74: 959 – 968.

[43] Chen Y, Liu J, Pei J, et al. Experimental and simulation study on the performance of daylighting in an industrial building and its energy saving potential[J]. Energy and Buildings, 2014, 73: 184 – 191.

[44] Wang Y, Han Y, Wu Y, et al. An occupant-centric adaptive façade based on real-time and contactless glare and thermal discomfort estimation using deep learning algorithm[J]. Building and Environment, 2022, 214: 108907.

[45] 石峰, 黄晶晶. 可变建筑表皮对建筑能耗及室内环境的影响——以零能耗住宅"自然之间"为例 [J]. 南方建筑, 2020(6): 48 – 54.

[46] Ayoub M. A review on machine learning algorithms to predict daylighting inside buildings[J]. Solar Energy, 2020, 202: 249 – 275.

[47] Hu J, Olbina S. Illuminance-based slat angle selection model for automated control of split blinds[J]. Building and Environment, 2011, 46(3): 786 – 796.

[48] Lorenz C-L, Packianather M, Spaeth A, et al. Artificial neural network-

based modelling for daylight evaluations[C]//Society for Computer Simulation International. SIMAUD '18: Proceedings of the Symposium on Simulation for Architecture and Urban Design. Delft, The Netherlands, 2018.

[49] Jones N L, Reinhart C F. Effects of real-time simulation feedback on design for visual comfort[J]. Journal of Building Performance Simulation, 2019, 12(3): 343‒361.

[50] He Q, Li Z, Gao W, et al. Predictive models for daylight performance of general floorplans based on CNN and GAN: A proof-of-concept study[J]. Building and Environment, 2021, 206: 108346.

[51] 胡兴，李保峰，陈宏. 室外热舒适度研究综述与评估框架 [J]. 建筑科学，2020, 36(4): 53‒61.

[52] Höppe P. Different aspects of assessing indoor and outdoor thermal comfort[J]. Energy and Buildings, 2002, 34(6): 661‒665.

[53] Reiter S. Correspondences between the conception principles of sustainable public spaces and the criteria of outdoor comfort[C]. The 21th Conference on Passive and Low Energy Architecture. Eindhoven, The Netherlands, 2004.

[54] Blazejczyk K, Epstein Y, Jendritzky G, et al. Comparison of UTCI to selected thermal indices[J]. International Journal of Biometeorology, 2012, 56(3): 515‒535.

[55] 李俊鸽，杨柳，刘加平. 夏热冬冷地区人体热舒适气候适应模型研究 [J]. 暖通空调，2008(7): 20-24+5.

[56] Du H, Lian Z, Lai D, et al. Evaluation of the accuracy of PMV and its several revised models using the Chinese thermal comfort Database[J]. Energy and Buildings, 2022, 271: 112334.

[57] Stathopoulos T, Wu H, Zacharias J. Outdoor human comfort in an urban climate[J]. Building and Environment, 2004, 39(3): 297‐305.

[58] 金虹 , 秦淦 . 基于树模型的严寒地区城市开放空间形态要素与气温关联性研究 [J]. 建筑科学 , 2023, 39(8): 1-9+18.

[59] Huang J, Hao T, Wang Y, et al. A street-scale simulation model for the cooling performance of urban greenery: Evidence from a high-density city[J]. Sustainable Cities and Society, 2022, 82: 103908.

[60] Du S, Zhang X, Jin X, et al. A review of multi-scale modelling, assessment, and improvement methods of the urban thermal and wind environment[J]. Building and Environment, 2022, 213: 108860.

[61] Tang L, Zhan Q, Fan Y, et al. Exploring the impacts of greenspace spatial patterns on land surface temperature across different urban functional zones: A case study in Wuhan metropolitan area, China[J]. Ecological Indicators, 2023, 146: 109787.

[62] Yao Y, Chang C, Ndayisaba F, et al. A New Approach for Surface Urban Heat Island Monitoring Based on Machine Learning Algorithm and Spatiotemporal Fusion Model | IEEE Journals & Magazine | IEEE Xplore[EB/OL]. (2020-09-07)[2023-10-20]. https://ieeexplore.ieee.org/abstract/document/9187236.

[63] Sekertekin A, Arslan N, Bilgili M. Modeling Diurnal Land Surface Temperature on a Local Scale of an Arid Environment Using Artificial Neural Network (ANN) and Time Series of Landsat-8 Derived Spectral Indexes[J]. Journal of Atmospheric and Solar-Terrestrial Physics, 2020, 206: 105328.

[64] Wang R. Application of Machine Learning in Prediction of Urban Heat Island[M]// W. Gao. Digital Analysis of Urban Structure and Its Environment

Implication. Singapore: Springer Nature, 2023: 171–206.

[65] Kafy A-A, Abdullah-Al-Faisal, Rahman Md S, et al. Prediction of seasonal urban thermal field variance index using machine learning algorithms in Cumilla, Bangladesh[J]. Sustainable Cities and Society, 2021, 64: 102542.

[66] Zhang M, Zhang C, Kafy A-A, et al. Simulating the Relationship between Land Use/Cover Change and Urban Thermal Environment Using Machine Learning Algorithms in Wuhan City, China[J]. Land, Multidisciplinary Digital Publishing Institute, 2022, 11(1): 14.

[67] Liu W, Wang Z, Liu X, et al. A survey of deep neural network architectures and their applications[J]. Neurocomputing, 2017, 234: 11–26.

[68] Oh J W, Ngarambe J, Duhirwe P N, et al. Using deep-learning to forecast the magnitude and characteristics of urban heat island in Seoul Korea[J]. Scientific Reports, 2020, 10(1): 3559.

[69] Siqi J, Yuhong W, Ling C, et al. A novel approach to estimating urban land surface temperature by the combination of geographically weighted regression and deep neural network models[J]. Urban Climate, 2023, 47: 101390.

[70] Zhou L, He C, Kim H, et al. The burden of heat-related stroke mortality under climate change scenarios in 22 East Asian cities[J]. Environment International, 2022, 170: 107602.

[71] Zheng Z, Zhou W, Yan J, et al. The higher, the cooler? Effects of building height on land surface temperatures in residential areas of Beijing[J]. Physics and Chemistry of the Earth, Parts A/B/C, 2019, 110: 149–156.

[72] 李飚, 郭梓峰, 季云竹. 生成设计思维模型与实现——以"赋值际村"为例[J]. 建筑学报, 2015(5): 94–98.

[73] 孙澄宇, 罗启明, 宋小冬, 等. 面向实践的城市三维模型自动生成方法——以

北海市强度分区规划为例 [J]. 建筑学报 , 2017(8): 77‑81.

[74] 何宛余 , 杨小荻 . 人工智能设计 , 从研究到实践 [J]. 时代建筑 , 2018(1): 38‑43.

[75] 袁烽 , 林钰琼 . 基于物理风洞与神经网络算法的建筑群体形态生成设计方法研究 [J]. 西部人居环境学刊 , 2019, 34(1): 22‑30.

[76] 翟炳博 , 徐卫国 . 基于遗传算法理论的绿色建筑优化设计研究 [C]// 数字建构文化——2015 年全国建筑院系建筑数字技术教学研讨会论文集 , 2015: 6.

[77] 王力凯 , 吉国华 , 童滋雨 , 等 . 面向建筑性能的设计优化及设计探索——EvoMass 工具简介 [J]. 新建筑 , 2022(3): 84‑89.

[78] 杨崴 , 于汉泽 . 生命周期环境影响与成本目标下的建筑设计优化方法 [J]. 建筑学报 , 2021(2): 35‑41.

[79] 袁磊 , 冯锦滔 , 许雪松 . 使用 MOEA 的城市设计物理环境多目标寻优方法 [J]. 南方建筑 , 2018(2): 41‑45.

[80] Yang D, Ren S, Turrin M, et al. Multi-disciplinary and multi-objective optimization problem re-formulation in computational design exploration: A case of conceptual sports building design[J]. Automation in Construction, 2018, 92: 242‑269.

[81] Huang W, Zheng H. Architectural Drawings Recognition and Generation through Machine Learning[C]. Proceedings of the 38th Annual Conference of the Association for Computer Aided Design in Architecture (ACADIA), Mexico City, 2018: 156‑165.

[82] 邓巧明 , 林文强 , 刘宇波 , 等 . 基于生成对抗网络的校园总平布局生成式设计探索——以小学校园为例 [J]. 世界建筑 , 2021(9): 115-119+136.

[83] Sun P, Yan F, He Q, et al. The Development of an Experimental Framework to Explore the Generative Design Preference of a Machine Learning-Assisted Residential Site Plan Layout[J]. Land, Multidisciplinary Digital

Publishing Institute, 2023, 12(9): 1776.

[84] Yuan P F, Song Y, Lin Y, et al. An architectural building cluster morphology generation method to perceive, derive, and form based on cyborg-physical wind tunnel (CPWT)[J]. Building and Environment, 2021, 203: 108045.

[85] Li Z, Chen H, Lin B, et al. Fast bidirectional building performance optimization at the early design stage[J]. Building Simulation, 2018, 11(4): 647‑661.

[86] Purup P B, Petersen S. Research framework for development of building performance simulation tools for early design stages[J]. Automation in Construction, 2020, 109: 102966.

[87] Kastner P, Dogan T. Eddy3D: A toolkit for decoupled outdoor thermal comfort simulations in urban areas[J]. Building and Environment, 2022, 212: 108639.

[88] Roudsari M S, Pak M. Ladybug: A parametric environmental plugin for grasshopper to help designers create an environmentally-conscious design[C]. 13th Conference of International Building Performance Simulation Association, Chambery, France, 2013: 26-28.

[89] Bozorgmehr B, Willemsen P, Gibbs J A, et al. Utilizing dynamic parallelism in CUDA to accelerate a 3D red-black successive over relaxation wind-field solver[J]. Environmental Modelling & Software, 2021, 137: 104958.

[90] Overby M, Willemsen P, Bailey B N, et al. A rapid and scalable radiation transfer model for complex urban domains[J]. Urban Climate, 2016, 15: 25‑44.

后记

通过设计建造人工构筑物来营造可持续的建成环境，是建筑学的终极目标。在不同的历史时期，建筑学的方法、理念和工具一直在迭代与更新。数字智能技术时代的到来，带来了建筑类学科与其他学科之间崭新的交叉结合点，并由此为建筑科学领域提供了许多突破方向。

2017年，博士刚毕业的我有幸加入同济大学袁烽教授团队开展教学研究工作，从而有机会在传统建筑学转向绿色、低碳、健康化发展的过程中，大胆引入数字化思维与智能化技术，本书的主要内容亦产生于我在同济大学建筑与城市规划学院进行教学与科研工作的过程中。终于落笔成书时，总是会有新的想法不断涌现，然而又不能面面俱到，想来这也许不是一件坏事，因为还可以有后续的新书来与读者继续分享交流，一同探索进步。

　　本书在写作和出版过程中得到了各方人士的支持和帮助。首先，我要诚挚感谢袁烽教授对我的思想引领，其富有前沿性与洞察性的理念、交叉多元的学科背景、严谨治学的学术态度长期以来对我产生了深远的影响，使我获益良多。另外，黄辰宇、沈彦廷、叶家宏、石泽葳、简一心对本书的撰写与图文整理做出了很多贡献，在此深表谢意。在编辑过程中，同济大学出版社的晁艳老师与王胤瑜老师也对本书的最终成稿提供了有益的意见和帮助。

　　建成环境设计的重要性不言而喻，其数字智能化的前沿发展有着无限潜力，期待能与诸君共勉。

2024 年 6 月 19 日

图书在版编目（CIP）数据

设计中的环境智能 / 姚佳伟著 . -- 上海：同济大
学出版社，2024.7

ISBN 978-7-5765-1047-8

Ⅰ. ①设… Ⅱ. ①姚… Ⅲ. ①智能化建筑－自动化系
统－系统设计 Ⅳ. ① TU855

中国国家版本馆 CIP 数据核字 (2024) 第 112196 号

设计中的环境智能
Environmental Artificial Intelligence in Design

姚佳伟　著

出　版　人　　金英伟
策　　　划　　晁　艳
责任编辑　　王胤瑜
平面设计　　张　微
责任校对　　徐逢乔

版　　　次　　2024 年 7 月第 1 版
印　　　次　　2024 年 7 月第 1 次印刷
印　　　刷　　上海安枫印务有限公司
开　　　本　　710mm×1000mm　1/16
印　　　张　　11.75
字　　　数　　128 000
书　　　号　　ISBN 978-7-5765-1047-8
定　　　价　　88.00 元
出版发行　　同济大学出版社
地　　　址　　上海市杨浦区四平路 1239 号
邮政编码　　200092
网　　　址　　http://www.tongjipress.com.cn
经　　　销　　全国各地新华书店

光 明 城

LUMINOCITY

"光明城"是同济大学出版社城
市、建筑、设计专业出版品牌，致
力以更新的出版理念、更敏锐的
视角、更积极的态度，回应今天中
国城市、建筑与设计领域的问题。